外濠

江戸東京の水回廊

法政大学エコ地域デザイン研究所 編

外濠公園
写真＝鈴木知之

弁慶濠

外濠全景

メガネスーパー

外濠公園

市谷濠

BRIDGESTONE
かねふく

SHARP

牛込濠

水上コンサート「奏」

外濠公園

真田濠

はじめに

東京都心に眠る外濠の価値の再発見

東京は明らかに、グローバルシティのひとつとして、世界の人びとの注目を集める存在となっている。しかしその真の力は、経済力やそれを象徴する高層ビルの数だけで推し量られるものではないはずだ。

豊かな自然も取り込んだ風格ある都市の風景をもち、歴史を背景にした文化の厚みを備えた舞台で多彩な活動が展開し、訪ねる人びとに感動を与えるような都市の総合力こそが問われる。先進国のどこも成熟社会を迎え、東京もその段階に入りつつある今、歴史、自然、文化を総合した魅力ある都市としてその存在感を高める必要がある。それこそが世界の人びとを惹き付けるグローバルシティとしての基本になろう。

そうした発想に立つなら、東京を世界にアピールするうえで最大の資産として挙げられるのは、「水の都市」という個性ではないだろうか。それを考え、私どもの法政大学エコ地域デザイン研究所では、東京を「水の都市」として捉え直し、その特徴と魅力を様々な視点から再評価する研究に長年、取り組んできた。

世界には、ヴェネツィア、アムステルダム、蘇州、バンコクなど、「水の都市」として名高いところがいくつもある。だが、それらはいずれも平坦な土地に形成された水路の巡る都市だ。それに対し、複雑でダイナミックな地形の変化に富む地形の東京では、「水の都市」の様相も大きく異なる。

日本橋を中心とする〈下町〉に、隅田川とその東のエリアも取り込んで、水路が網目状に巡るヴェネツィアにも似た水の都市空間が生まれたばかりか、武蔵野台地が東に張り出す突端に江戸城＝皇居を配し、そのまわりには高低差に従って水が循環する内濠、外濠がつくられた。さらにその西側に大きく広がる〈山の手〉の高台にも起伏が多く、地形と密接に結びつく形で中小の河川や用水路が数多く流れ、まさに江戸東京の全体に変化に富む「水の都市」が形づくられてきたと言えよう。しかも、山の手の水辺は、必ず豊かな緑と一体となっている。近代化でだいぶ失われたとはいえ、今なお都心にこれほど水と緑の自然に恵まれた広大な空間をもつ大都市は、世界広しと言えど、東京以外には存在しない。その中心に江戸城を引き継いだ皇居があることの意味の大きさに、改めて気づかされるのだ。

1590（天正18）年に江戸に入府した徳川家康は、東側には海に向けて湿地が広がる武蔵野台地の突端に、太田道灌の中世の小さな城を核にしながら、地形を活かしつつ大胆な改変も加えて、巨大な城郭とその城下町の建設に着手した。我が国の城下町建設の典型的な方法で防御施設としての惣構がつくられ、江戸城は内濠と外濠で囲われた。今も皇居のまわりは、広い水面と鬱蒼とした樹木の自然要素と石垣、櫓、御門が調和した日本独自の風景を見せる。内濠はほぼその美しい姿を残し、都心に貴重な水と緑の回廊を形成している。

そして、幸いにも、1980年代以後、水の都市の復権が進み、日本橋川、神田川、隅田川、江東の掘割など、都心・下町の広いエリアの水辺の魅力が再認識された。現在は東京スカイツリーの誕生もあって、水の都市空間への関心が一層の高まりを見せている。

ところが一方には、東京の都心にフィジカルな環境として見事に受け継がれながら、その重要性や魅力に人びとが意外にも気づいていない歴史空間がある。飯田橋から南西方向の四谷までほぼ直線状に伸びる牛込濠・市谷濠、さらに南の赤坂まで弧を描いて伸びる真田濠・弁慶濠へと繋がる〈外濠〉の雄大な水空間がそれである。

その江戸城のお膝元の今の千代田区側には見附の御門がいくつも配され、水際を石垣で固められた防御機能を担う軍事的な濠だったこともあり、一般市民にはいささか馴染みの薄い水辺であったのは否めない。しかし振り返ると、明治以後の近代社会になって、現在よりは水辺がずっと活かされ、神楽河岸は舟運の基地として賑わい、牛込濠にはボート遊びを楽しむ若者の姿が多かった。戦後すぐ四谷周辺での埋め立てで水面の繋がりが分断され、やがて東京オリンピックを迎えるころ、水離れの現象が加速し、残された外濠全体も人びとの意識から遠のいていったというのが現実だろう。

東京が誇るこの空間は、1956（昭和31）年に、「史跡江戸城外堀跡」として国史跡に指定され、これまで守られてきた。ところがその価値については、市民ばかりか専門家の間でもあまり認識されない状態が続いた。幸い、文化庁の指導のもと、千代田、港、新宿の3区が共同して策定委員会をつくり、石垣、御門などの史跡としての価値を調査・検証し、2008（平成20）年に「史跡江戸城外堀跡保存管理計画報告書」が刊行された。それに基づき千代田、港、新宿の3区が連携しての景観まちづくりの取り組みが開始されている。この数年、高層ビルへの建て替え計画が続々と出てきており、この豊かな景観、環境をどう継承し、育てるのかが問われている。

エコ地域デザイン研究所では、宝物が眠ったままのこの外濠に潜む多様な価値を再発見、再評価するためのフィールド調査、文献調査を行い、現地見学会、水上ジャズコンサートなどのイベント、シンポジウムなども企画してきたが、隅田川、日本橋川、神田川、江東内部河川等、どれも人気を集め活発な市民の環境・文化活動が見られるのに対し、不思議なことに外濠をめぐる市民活動がほとんどないのに気づいた。

それならば、大学の研究所が今やるべきことは、これまでの研究成果の蓄積をビジュアルな効果もあるわかりやすい形の本にして、多くの方々に外濠の価値、魅力の全体を知っていただくことだと考え、本書の企画に至った。

まずは、外濠周辺の起伏に富んだ原地形、原風景を想像復元し、次にその地形を活かしまた大胆に改変しながら、近世初期にいかに外濠がつくられたかを再現する。続いて、外濠の内側と外側のそれぞれで、江戸時代の町割りや敷地割りを受け継ぎながら、近代日本の首都、東京にとって重要な役割をもつ都市空間にどのように変貌したかを建築、町並みばかりか、住み手、生活、文化のレベルまで掘り下げて論ずる。もちろん、外濠そのものの縁に挿入された鉄道の建設、水際や土手の桜など、植生の変化にも注目したい。

都心のオアシスとも言うべき外濠の巨大な水の空間が、風の道となり、気温を下げ、都市のミクロ気象におおいに貢献している事実を測定に基づき検証する一方、水の循環や水質を改善するための方策についても科学的アプローチで示す。

こうして歴史とエコロジーの両面から、我が東京にとっての外濠の空間がもつさまざまな価値と今後への大きな可能性を描いたうえで、未来に向けた都市ビジョンとして、都市計画家である高橋賢一教授（都市環境デザイン工学科）の創案になる「歴史・エコ廻廊」と銘打った真の都市再生に向けた構想（本書の146～149ページ、あとがき参照）を、法政大学エコ地域デザイン研究所からの社会への発信としてここに提唱したい。

なお、法政大学エコ地域デザイン研究所ではこれまで、2006年に江戸東京博物館で東京下町を中心に水の都市を扱った「東京エコシティ」展を実現し、その図録として『東京エコシティ——新たな水の都市へ』を刊行した。続いて、研究対象を西の郊外に拡大し、日野市の用水路の張り巡らされた田園の水の環境を調査研究し、その成果を2010年に『水の郷 日野——農ある風景の価値とその継承』として刊行した。本書はその延長上に企画され、東京のきわめて重要な中心部にあり、本来的には都会のオアシスとして人びとにもっと愛され、より積極的に使われてしかるべき〈外濠〉に光を当てたものである。鹿島出版会から刊行されたこれら3冊を互いに繋ぎ、重ね合わせると、多彩な顔をもつユニークな「水の都市」東京の全体像がくっきりと浮び上がるに違いない。

そして、この巨大都市の下町・都心・郊外を繋ぎ、地域の記憶をもつ水と緑の魅力的な帯で結ばれた壮大な「歴史・エコ廻廊」のネットワークの再生、さらには発展を成し遂げられれば、我が東京は間違いなく、世界でも最もユニークで美しい自然と共生する21世紀に相応しいグローバルシティの評価を獲得できるであろう。

陣内秀信
法政大学エコ地域デザイン研究所 所長

目次

写真構成①――外濠公園／弁慶濠／外濠全景／市谷濠／牛込濠／水上コンサート「奏」／真田濠……1

はじめに――東京都心に眠る外濠の価値の再発見……9

第1章 外濠のなぜ

外濠前史

外濠の原地形……16

縄文海進と遺跡からみる外濠周辺……18

外濠誕生前夜（中世）……20

外濠のかたち

外濠の誕生……22

江戸の水循環と外濠……24

江戸城と外濠、その防衛的役割……26

外濠の近代、そして未来へ

外濠と近代景観……28

文化財としての外濠……30

外濠と都市計画……32

第2章 外濠を知る

つくられた外濠

外濠の石垣……42

江戸城御門と見附……44

桜――外濠の植物Ⅰ……46

植生――外濠の植物Ⅱ……48

近代建築とその景観……50

堀留の開削……52

甲武鉄道市街線の誕生――外濠が取り込んだものⅠ……54

中央線の変遷――外濠が取り込んだものⅡ……56

土手公園と弁慶濠埋め立て計画――未完の都市公園Ⅰ……58

外濠公園の変遷――未完の都市公園Ⅱ……60

都市計画としての外濠公園――未完の都市公園Ⅲ……62

外濠公園から都市計画緑地へ――未完の都市公園Ⅳ……64

外濠のまわり

堀割をとりまく大名屋敷……68

外濠内側の近世上水道……70

外濠と邸宅……72

外濠と軍事施設……74

外濠と学校……76

外濠周辺のまちのかたち……78

外濠の文化と生活

描かれた水辺（近世）……84

映し出された水辺（近代）……86

新聞の社会面記事からみた市民の外濠……88

近代の盛り場「神楽坂」――外濠の生活Ⅰ……90

舟の生活――外濠の生活Ⅱ……92

水がもたらす環境

外濠の地形と水……96

外濠の水……98

外濠を測る……100

クールスポットとしての外濠……102

外濠周辺の風……104

外濠の空再生……106
外濠周辺の緑地……108

写真構成②——外濠の神社と寺／石垣／階段と坂道……113

第3章 外濠をみる

外濠を歩く

外濠の四季……122
外濠散歩①——虎ノ門～赤坂……124
外濠散歩②——赤坂～四谷……126
外濠散歩③——四谷～市谷……128
外濠散歩④——市谷～飯田橋……130

水を楽しむ

外濠の水辺環境を考えるワークショップ……132
外濠に灯るやさしいひかりから考える……134
水上ジャズコンサート……136

インタビュー　外濠の生活史……137
特別寄稿　灌漑技術から転用された外濠……142

第4章 外濠の未来

水を活かす

「歴史・エコ廻廊」を創る……146
大江戸都心水と緑のコリドー・ノード創生の提案……152

水をよくする

外濠の浄化へ向けて……156
玉川上水の再生と外濠の浄化……158
外濠浄化に向けての技術的な挑戦……160

外濠を拓く

外濠が生み出す東京の新たな未来像……162
これからの景観計画……164
外濠隣接3区連携による眺望景観保全の取り組み……166

コラム

外濠の中世／外濠の近世／外濠の近代——エコヒストリー図……34
水辺の行楽地、市谷八幡……66
御茶ノ水昌平河岸の木造建築群……82
外濠の橋……94
外濠周辺が高層化したら……110
松江城の堀川と回廊……150

外濠アルバム

① 市谷八幡……67
② 御茶ノ水……83
③ 弁慶橋……95
④ 牛込濠と牛込見附……111
⑤ 神楽河岸……112
⑥ 江戸の掘割……151

参考文献……168
図・写真クレジット……169
江戸東京の水回廊の構築へ　あとがきにかえて……173
略歴……175
編集後記……178

第1章

外濠のなぜ

JR飯田橋駅前の牛込見附に残る石垣
写真＝鈴木知之

外濠前史

外濠の原地形

氷河期の痕跡

外濠の位置、すなわち江戸城のつくられた場所はなぜそこだったのだろうか。じつは、国の中心たる都城を築く場所として、日本中見渡してみても、ここ以外にはないという絶妙な位置にある。東京湾という日本で一番大きな入り江の最奥部にあり、武蔵野台地と呼ばれる日本一広い扇状地台地の先端にあたる。そして、東京湾にそそいでいた荒川と旧利根川の流れの河口部にある。利根川もまた日本一の川である。

日本一が集まっているのには地勢学的な理由があるのだが、すでにあった江戸城に新たに外濠を付加することで、城としても日本一の規模となった。そこには徳川家康の地勢を見る確かな目があったといえる。江戸城の潜在的価値を見抜き、河川や用水の整備とあわせて、外濠を築いた。その意図は、東京湾を含めた関東一円の広域にわたる水系の中核として江戸を整備することにあったと見られる。

江戸城の位置が地勢的に特殊な場所であることは、2万年ほど前の、古東京川の時代に遡ると、その意味するところがよくわかる。[図1]最終氷期のヴュルム氷期極相では、海水面が現在より130～140mも低かったことが確認されている。その時期、利根川、荒川、多摩川は合流して古東京川と呼ばれる1本の川となって現在の浦賀水道の先あたりで太平洋に注いでいた。江戸城はその三川の合流部に位置している。

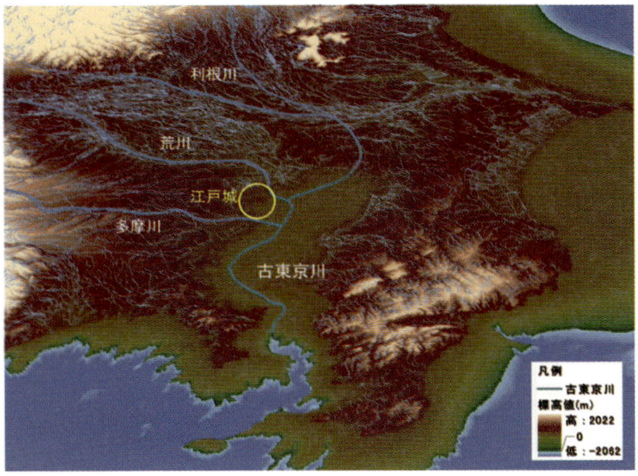

図1　古東京川

東京湾が陸地だった時代に刻まれた古東京川の流路は、今も東京湾の中に残っている。3つの大河川が合流する付近は自然生態系としても特異な場所であり、つねに豊かな自然の多様性に恵まれていた。そこは、生き物たちが行き交い、人びとが出会う場所だった。その基本的な条件は今日にまで引き継がれてきた。江戸城・外濠はそうした特異な立地条件を備えているのである。

武蔵野台地の水みち

立地条件のひとつである台地を見てみよう。武蔵野台地は洪積世にできた地形で、多摩川がつくった扇状地の礫層の上に関東ローム層が覆っている。台地面は古い順に下末吉面、武蔵野面、立川面という構成で、江戸城は、下末吉面の淀橋台と武蔵野面の豊島台にまたがって位置している。淀橋台は多摩川の河川礫である武蔵野礫層が形成された時期に削り残された古い地層

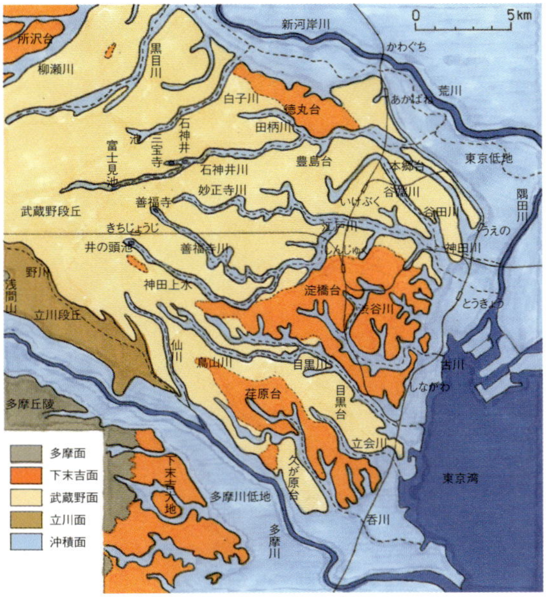

図2　武蔵野台地の地形地質

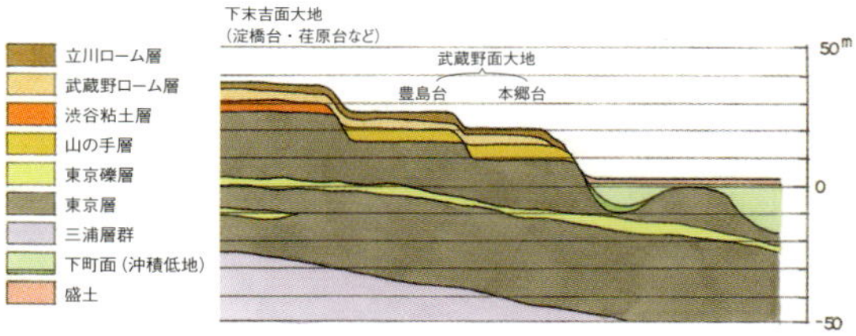

図3　台地と低地の模式的断面

であり、本郷台や豊島台より1段高い。【図2】

表層のローム層は富士山の火山灰であるが、数万年～1万年前までの間に数百回の噴火を繰り返して降り積もった。その際に、もともと川となっていた部分は掃流されて火山灰が堆積しないことから、武蔵野面には神田川などの深く長い開析谷が形成された。しかし、下末吉面は古い時期の地層で地表の勾配も緩く、細かい谷が発達した。【図3】

江戸城は太田道灌の居城だった時代に、こうした細かい谷の自然地形をそのまま利用してつくられていた。さらに家康は入城したあとに大規模に手を加え、日比谷入江の埋め立てや外濠の開削を行った。その際、外濠の北東半分は、平川の深い谷を利用したり、本郷台を開削するなどして隅田川につなぎ、西半分は小高い淀橋台上のふたつの浅い谷筋を掘り下げて繋いだ。基本は自然に従いつつも、かつての江戸城とは桁違いの大規模な土木工事を行った。

下町低地の水みち

もうひとつの立地条件である低地の様子はどうであったか。江戸氏が城を築いたころには、一面が葦ヨシ原であったと伝えられている。5000年前の縄文海進の後、弥生時代には海退が進み、湿原が次第に陸地化して行く過程にあった。荒川や利根川などの大河川は大きく蛇行し、氾濫を繰り返していた。河口部には大きな砂州や浅い水域が広く形成されていた。【図4】

江戸城は小河川の平川の河口部にあり、隅田川との間にある半島状の江戸前島が自然の堤としての役割を果たしていた。低地の水みちは暴れやすいが、人工的に手を加えて制御することも比較的容易である。外濠の整備は先ず平川の流路を付け替えることから始められた。そして、日比谷入江を埋め立て、江戸前島を縦断するように外濠を廻らすことで城内を区画した。城下の埋め立て地にも運河が張り巡らされ、下町がつくられた。

外濠の完成により、かつて平川と日比谷入江に面していた小城が、隅田川と東京湾に直接面する大城に化けた。

家康の見立て

関八州に国替えされた家康は江戸に居を据えた。その拠点が小田原でも鎌倉でもなく、江戸となったことは秀吉の指示というだけではなく、江戸の器の大きさを見抜き、受け入れる利を承知していたと思われる。

江戸を開くにあたっての構想は、玉川上水の導水や利根川東遷、荒川西遷など、広大な視野のもとに描かれている。そして、江戸城とその外郭である外濠の整備手法は、地形地質をきめ細かく読みとり、これを活かす知略に富んでいた。外濠の完成により、江戸城の範囲は台地と低地と海をとり込み東西南北に大きく広がった。外濠は、防御、交通、物流、水利など、江戸城を中心とした関八州の水系を制御する中心環としての役割を担うこととなった。　（神谷 博）

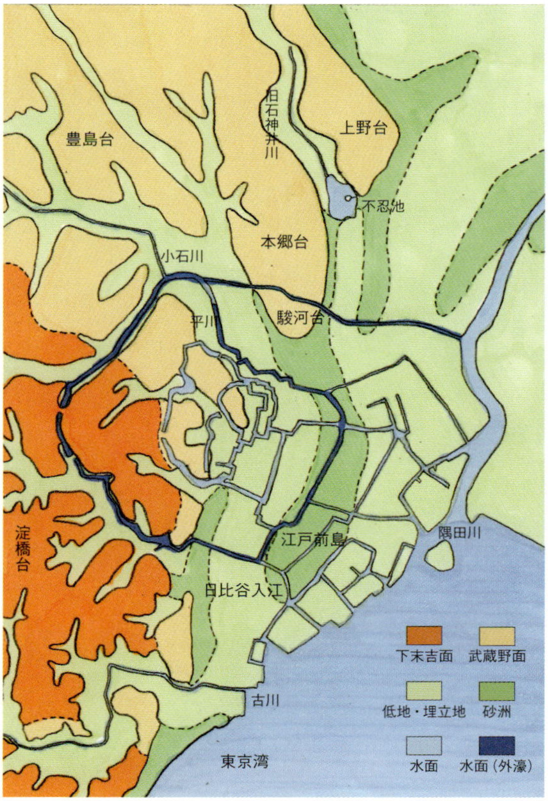

図4　台地と低地にまたがる江戸城の濠

外濠前史

縄文海進と遺跡からみる外濠周辺

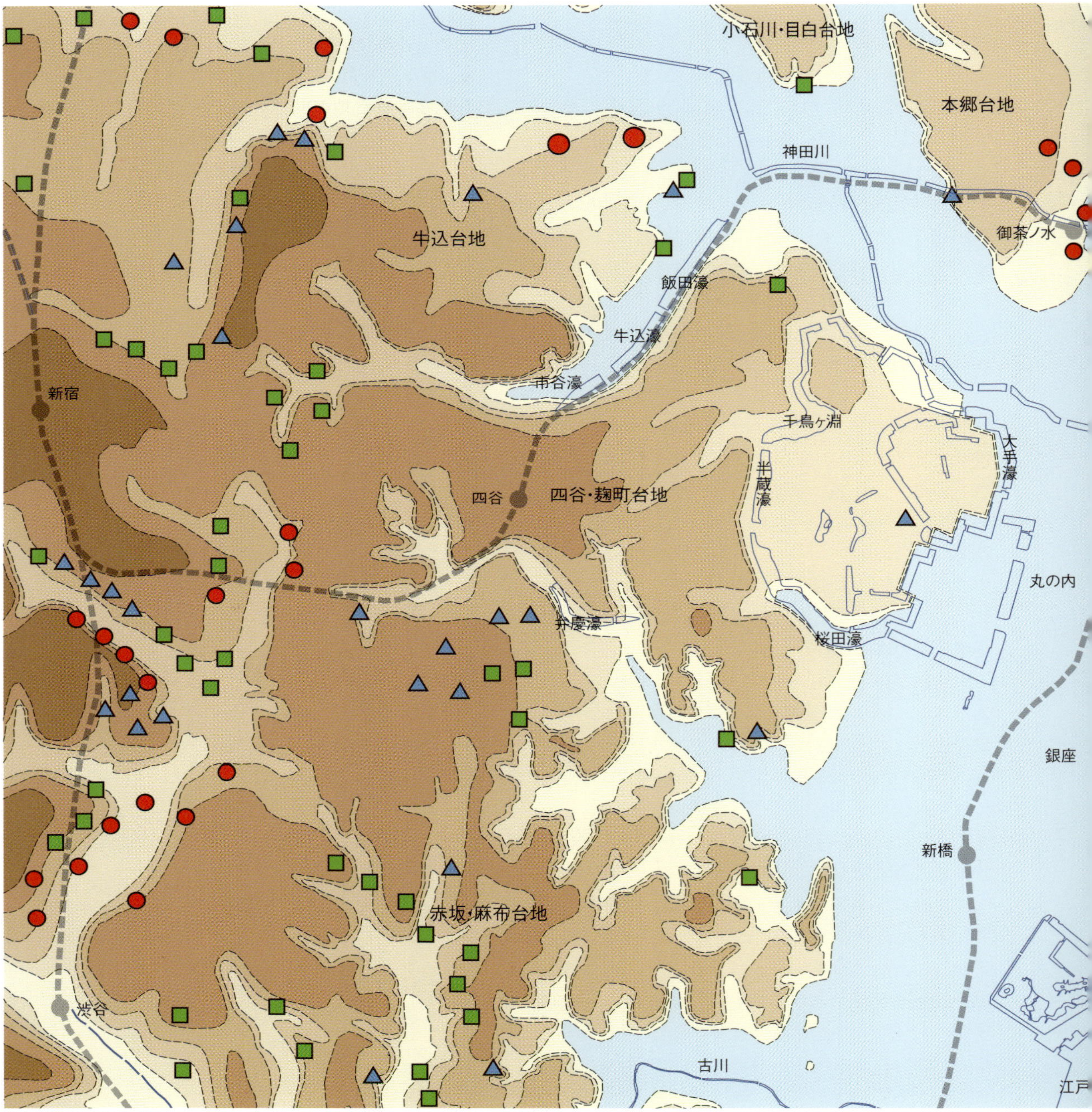

縄文期の東京の遺跡分布

東京の地形と縄文海進

縄文期（約7,000～3,300年前、草創期・早期・晩期を除く時期）は、その長い時間軸の間に、気温の寒暖の差があったものの、現在よりもかなり温暖な気候が続いた。最も温暖な時期は海水位が現在と比べ7～8m高かったと推定される。内陸の低地に海水が奥深く入り込む状況が生じ、それを「縄文海進」と呼ぶ。ビジネスセンターの中心・丸の内、商業地の中心である日本橋や銀座は当時海の底だった。

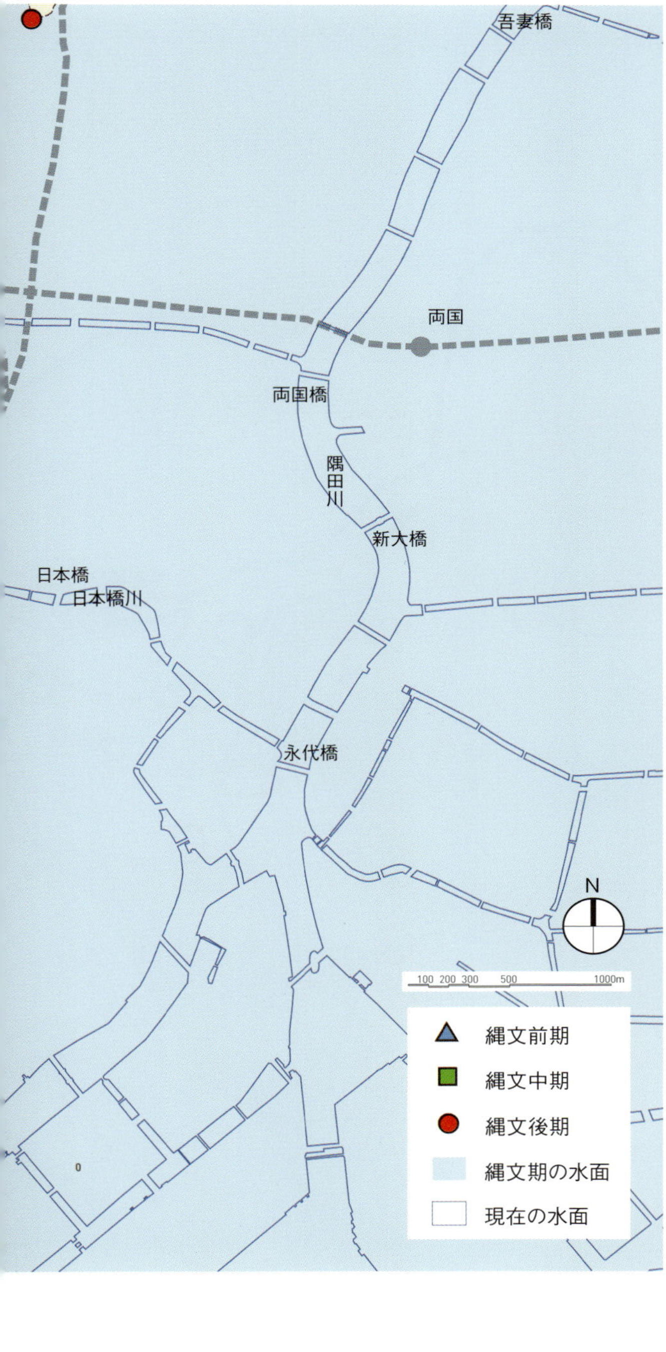

海水位が7～8m上昇した状況を図で再現すると、武蔵野台地の谷筋に入り込むように、いくつかの谷筋が入江をつくり出す。東京中心部の北側では、神田川を遡り、早稲田のあたりまで奥深く入江が入り込む。その他にもおもだったものを拾い出してみると、小石川・目白台地と本郷台地の間の谷筋が入江であり、飯田濠、牛込濠、市谷濠のあるあたりの外濠も入り海となる。桜田濠のあたりでは、江戸時代に溜池があった赤坂・永田町の低地部も入江となる。さらに南に下ると、古川下流域が入江だった。外海の江戸湾に比べ、これらの入江は波穏やかな水辺環境をつくり出していたのである。

縄文期の遺跡分布

縄文期の遺跡を見ていくと、入江に流れ込む川を遡った斜面地におおむね分布していることがわかる。安定した飲料水を確保できる湧水源が居住の条件だった。遺跡が分布する密度は、赤坂・麻布台地などの南側が密であるのに対し、牛込台地などの北側が比較的疎である。地形が複雑に入り組み、湧水源が多く分布する赤坂・麻布台地に集中した。またこの遺跡分布から、ふたつの異なる傾向が読み取れる。それは、谷筋の奥まった川沿いに立地する、農耕を主体とするケース、入江など直接海際近くに立地する、漁労を主体とするケースである。このふたつのケースを縄文期の前期（約7,000～5,500年前）、中期（約5,500～4,500年前）、後期（約4,500～3,300年前）に分けて見ていくと、前期には農耕主体の立地が目につくが、中期を経て後期になるにつれ、入江だけでなく直接海に面する場所に立地する遺跡もあらわれ、江戸湾（東京湾）での漁労が盛んに行われはじめたとわかる。

縄文後期の神田川沿いでは、入江側への立地が目立つことも特色として挙げられる。温暖な気候が少しずつ寒冷化し、海水面が低下し、海退することで神田川河岸の平坦地での農耕が可能になったと考えられる。神田川流域が後に穀倉地帯となっていく前兆を縄文後期の遺跡分布に垣間見ることができる。　（岡本哲志）

外濠誕生前夜（中世）

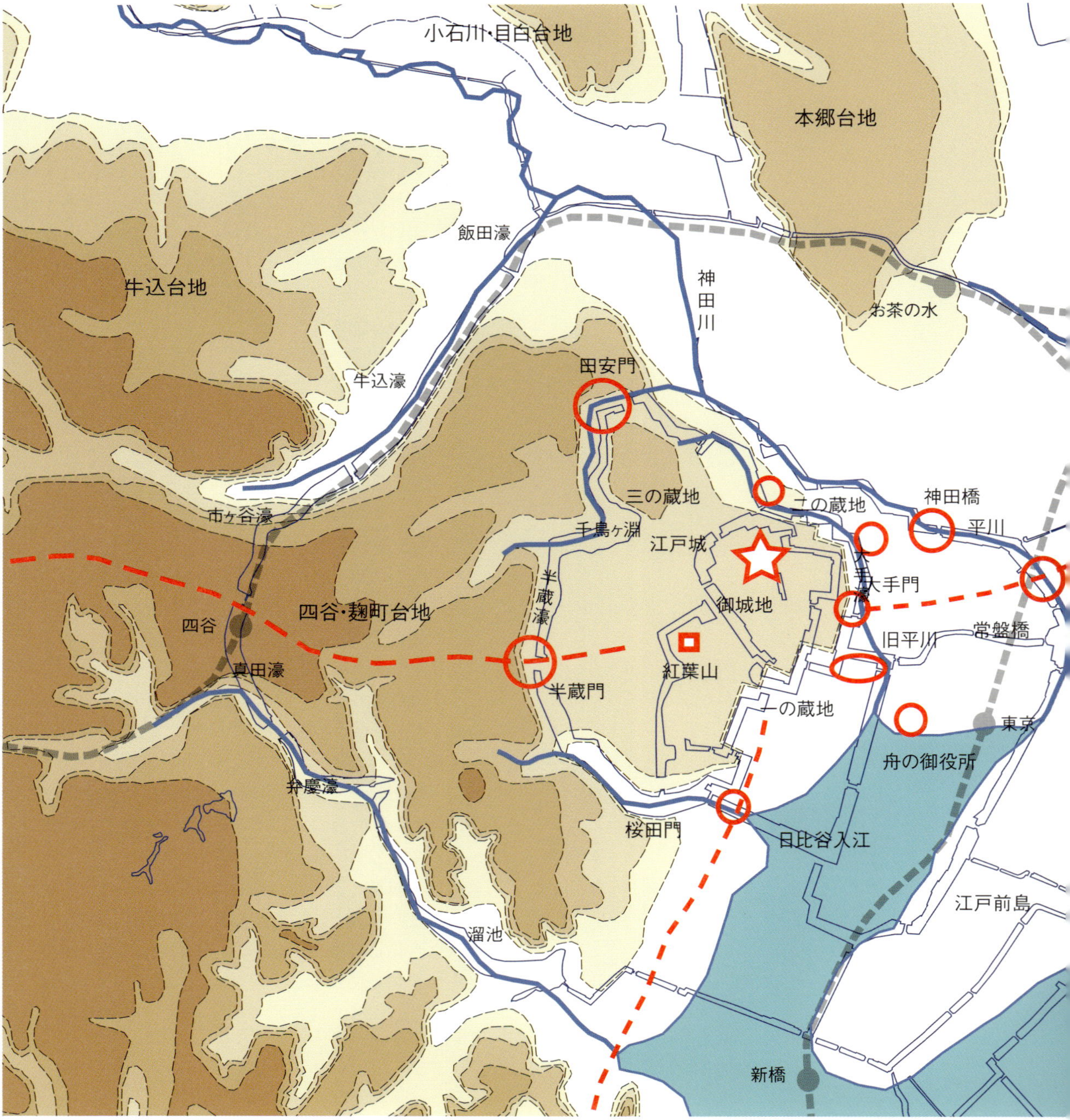

家康が入府した頃の都市骨格（天正18年）

城と港町を一体化した太田道灌

徳川家康が入府する以前、江戸で試みられた最大の土木事業としては、太田道灌時代の平川の付け替えが挙げられる。その工事は、神田川の下流部分、旧平川の河道を東側に迂回させ、日比谷入江に流し込んだものである。平川はもともと和田倉あたりに流れていた。迂回させた要因として、神田川から大量に流れ出る土砂の堆積を退け、和田倉門から上流にある旧平川沿いの港機能維持があったと考えられる。

神田川から切り離された旧平川の河道は、後の江戸時代に平川濠や大手濠に変わるが、江戸城内濠の整備以前は、台地斜面から湧き出る水を集める短い川と結ばれ、別のかたちで河川機能を維持した。また、平川の付け替えにより、千鳥ヶ淵あたりの谷筋を流れていた川も、新たな河道に合流させることで、港機能がある旧平川への土砂の流入を回避させた。

太田道灌の時代は、氷河期に浸食した深い川筋を城の守りとして利用するとともに、浅瀬の多い日比谷入江で航路を確保する工夫がなされた。土砂の堆積に悩む江戸湾河口にとって、航路の確保は城と港町を一体化し、城下町としての基盤を築く重要な施策であった。

注　天正18年の海と川は推定

壮大な城下町を描く自然地形と守りのアキレス腱

太田道灌が築きあげた江戸城は、後に城主が代わっていくが、大きな土木事業が試みられることもなく、一世紀が過ぎる。その時代の江戸城周辺を見渡すと、東側は新旧の平川と日比谷入江で、北側は現在の千鳥ヶ淵あたりからの川の流れが神田川と合流することで防御できた。南側は現在の桜田濠が家康入府以前の川筋だった。さらに外側の弁慶濠から溜池に下る谷筋が川となっており、自然の川で二重の防御がなされていた。しかし西に目を向けると、四谷・麹町台地が緩やかに下りながら、江戸城まで続く。江戸城付近では多少の起伏があるものの、地形から見ると最も攻められやすい地形形状であった。

小田原攻めの後、豊臣秀吉に江戸城への転府を命ぜられた家康は、八王子城を攻め落とし、武蔵野台地を東にまっすぐ進軍して江戸城に入る。戦闘らしい状況もなく江戸城に到達した。地理的に平坦な道のりに、これから城主となる家康の心境が察せられる。北東南の三方は20m近くの崖と、海や川で守られて安心だが、西側は容易に攻め込める守りのアキレス腱であったからだ。

（岡本哲志）

外濠のかたち

外濠の誕生

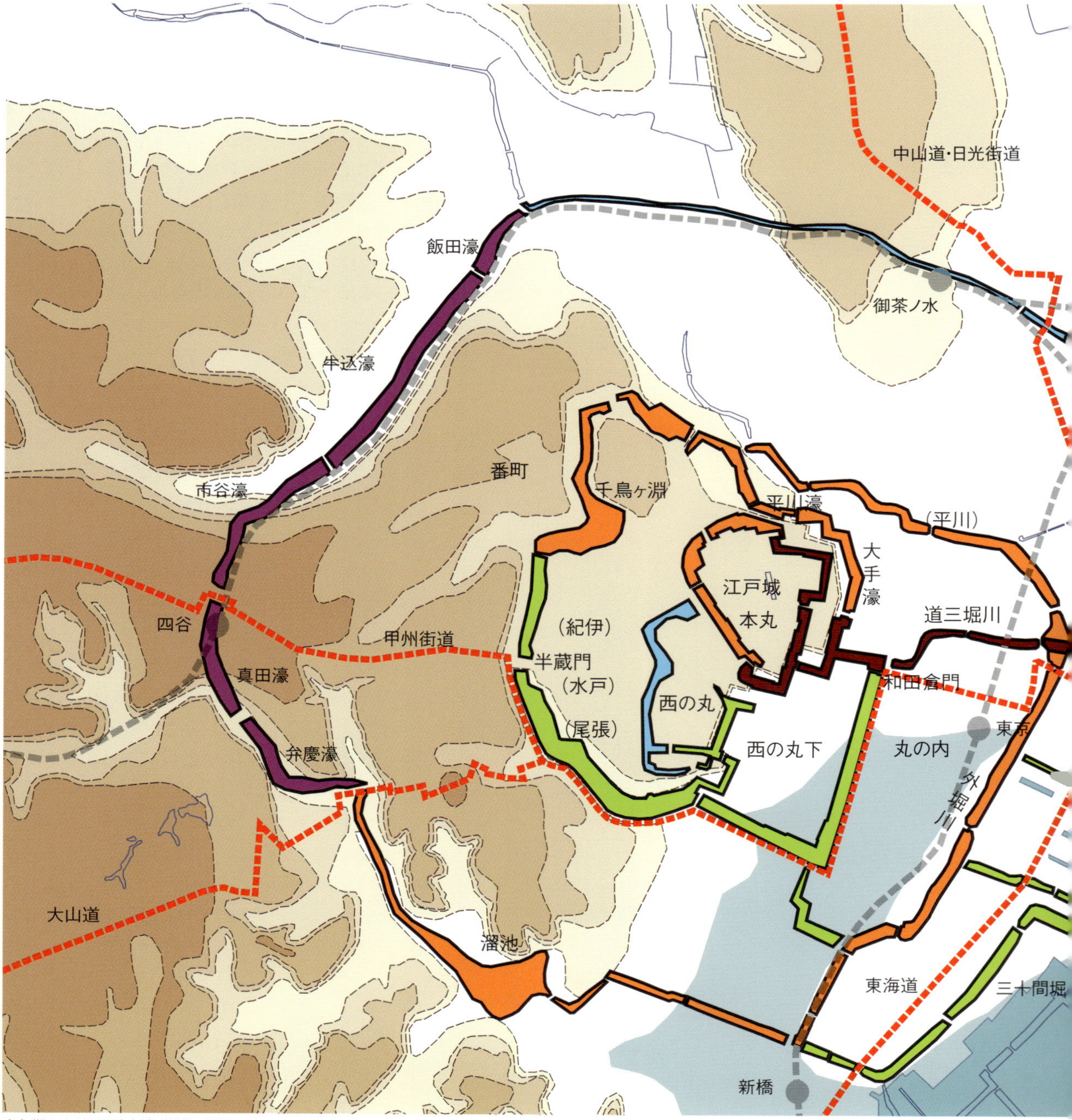

寛永期までの江戸城内濠・外濠の整備

惣構建設の初期段階

道灌の死後、1世紀以上が経過した1590（天正18）年、徳川家康は江戸に入府する。この年から、半世紀をかけ幾重にも濠を巡らせた壮大な惣構がつくられ、江戸城とその城下が一応の完成をみる。内濠、外濠のなかでは、道灌濠が最も早期に着工する。江戸湾から日比谷入江を通らず、行徳の塩を小名木川・日本橋川のルートから、建設が進む江戸城下まで、運び入れる狙いがあった。関東平野の農作物、江戸湾の魚介類も、このルートで運び入れた。もちろん、日比谷入江側からの航路も、日本橋川が開削されてもメインルートであり続けた。

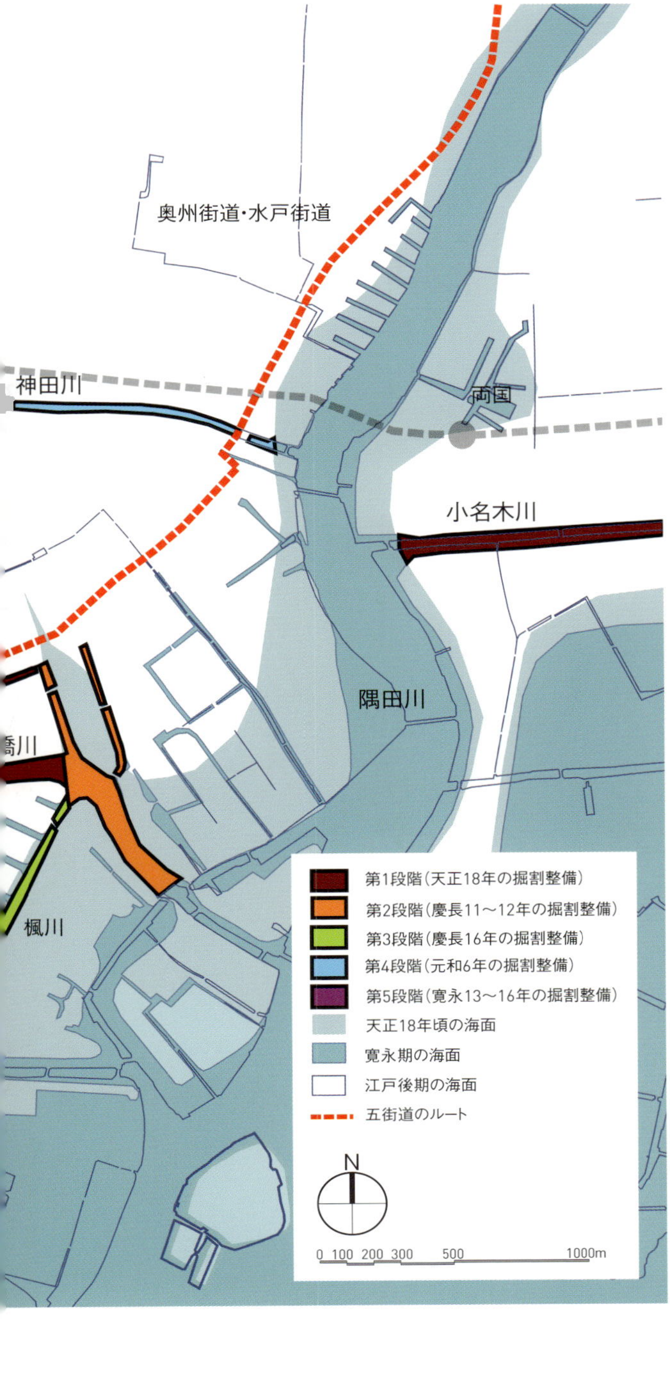

石や材木といった江戸城建設資材は、日比谷入江を早期に埋め立て、大型船の通運可能な外堀川など、外濠の整備が急務となった。外堀川の整備は、日比谷入江ではなく、江戸前島を開削して通された。安定した土地にできた外堀川河岸は、資材置き場として利用された。外濠の整備は、江戸城建設を目的に、舟運が主眼に置かれた開削、整備であった。

東側低地の内濠もまた、資材運搬ルートとして開削・整備が早い時期に進められる。西の丸、西の丸下の内濠は、1611～14（慶長16～19）年にかけて整備された。これにより、江戸城内深く、石材など資材を運搬する航路として確保された。東の守りを固める内濠と外濠は、早い時期から舟運航路が確保されたこともあり、ふんだんに石が使われた石垣や護岸となった。

惣構の完成へ

西の山の手の台地側にあって、人工的な開削が目立つ内濠と外濠に対し、東の内濠はおもに自然河川の河道を利用した。台地側の内濠整備は、自然の河道を利用してさらに奥深く入り込む。低地部でも、日比谷入江のようにかつての河川であった水深のある自然の河道を利用して内濠がつくられた。内濠の水面は、城の守りだけではなく、石材や材木を奥の西の丸まで運び込む運搬路の役割を担っていた。半蔵門周辺の台地を削り取った土の多くは土盛などで対応したが、それでも残った土は搬出され、水路ともなった内濠から海に向かい、埋め立てに利用された。惣構の建設は、舟運航路を綿密に考えた計画だった。

1620（元和6）年には、神田川が平川の河道から切り離された。神田山を切り通し、神田川を直接隅田川に流す大規模な開削工事が行われた。そして最後の総仕上げに、四谷周辺の台地を深く掘り込み、江戸城西側の外濠が1636～39（寛永13～16）年に完成する。江戸惣構の完成は、家康が入府してから半世紀近く、3代将軍家光の時代であった。　（岡本哲志）

外濠のかたち

江戸の水循環と外濠

外濠の水循環

外濠の水はどこから来ているのだろうか。濠には水源が必要であるが、内濠はふたつの小河川をその水源も含めて取り込んでいる。千鳥ヶ淵は、源流部のダム湖であり、台地の出口を堰止めて高い位置につくられている。それ以外の内濠は低地の掘割でできている。

一方、外濠は断面的に見て内濠より大きな高低差を持っている[図1]。平川の流路を一部利用しながら、台地のより高いところまで濠にしている。最も高い位置にあるのは真田濠で、標高20mほどである。その南側は、弁慶濠を経て溜池に至る。溜池もダム湖であるが、低いところにあり、支川がすべて集まった地点で堰止めており、まさに溜池である。

内濠が江戸氏の時代に江戸城として自然地形をほぼそのまま利用してつくられたのに対して、外濠は徳川氏の江戸城として全国から人手を集めての大土木工事によりつくられた。内濠と同様に、自然河川をおもに利用しつつ、地形をよく読みとりながらつくられている[図2]。しかし、大規模な濠を維持するには水源が十分ではなかった。

濠とは、一般的に掘り込んだ場所に水を導入して溜める掘割として低地では簡単につくることができる。しかし、台地上では地下水位が低く、豊かな湧水は得にくい。内濠はその規模に対して比較的豊かな湧水に恵まれ、ダム湖をつくり低地の掘割とつなげることができた。

しかし、外濠の水源は台地上を流れる小河川の支流であり、水量は乏しかったと推測される。したがって、玉川上水が最上流部の真田濠に導水されたことは、外濠の水循環にとって貴重な水源となった。余水の吐口は四谷をはじめ外濠で7ヵ所あったと記録されている。自然の湧水で成立している内濠に対して、外濠を維持するためには人工的な水源管理が不可欠だったのである。

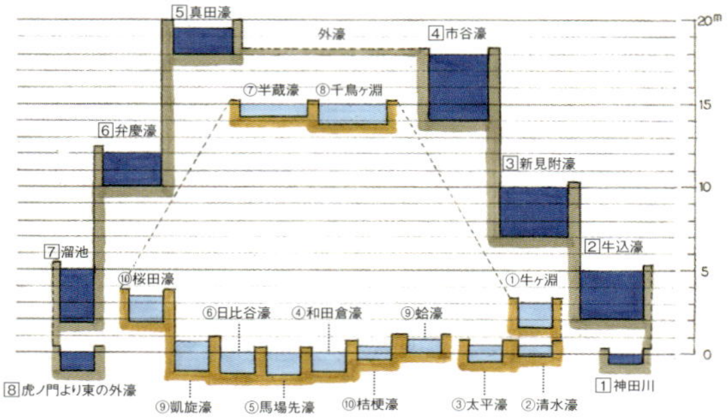

図1　外濠内濠断面構成

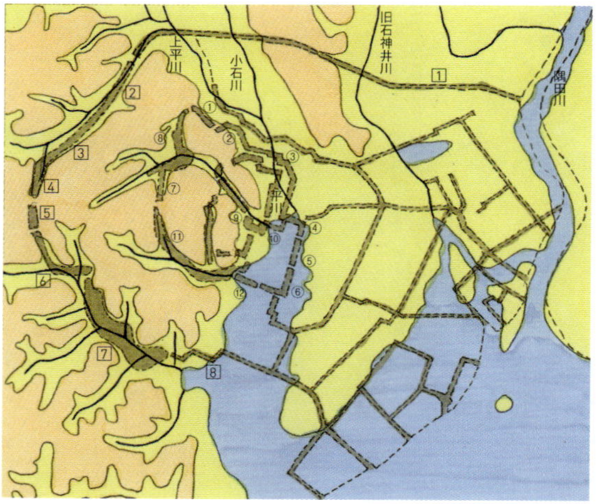

外濠
- 1 神田川
- 2 牛込濠
- 3 新見附濠
- 4 市谷濠
- 5 真田濠
- 6 弁慶濠
- 7 溜池
- 8 虎ノ門より東の外濠

内濠
- ① 牛ヶ淵
- ② 清水濠
- ③ 大手濠
- ④ 和田倉濠
- ⑤ 馬場先濠
- ⑥ 日比谷濠
- ⑦ 半蔵濠
- ⑧ 千鳥ヶ淵
- ⑨ 蛤濠
- ⑩ 桔梗濠
- ⑪ 桜田濠
- ⑫ 凱旋濠

図2　江戸城の濠と水系

外濠と玉川上水

もともと外濠と玉川上水の導入とは無縁ではなかったと思われる。玉川上水の目的は上水としてだけではなく、農業も含めた総合的なインフラシステムとしての役割を担っていた。江戸城内、城下への上水供給と同時に外濠の水源を維持する役割も大きく、もともと軍事目的であるがゆえに、つねに水を張る必要性があったといえる。

外濠の最高標高の部分である四谷は、玉川上水が辿ったルートである武蔵野台地の分水嶺の終着点に当たる。つまり、玉川上水も外濠も武蔵野台地の脊梁に見事に載っているのである。旧江戸城が先にできていたとはいえ、そこに外濠と玉川上水をつくった時点では確かな意図が見えてくる。

そして外濠と玉川上水の完成により、江戸城と江戸のまちの水循環の骨格ができ上がった。すなわち、外濠によって、利根川、荒川、多摩川の関東一円の水を全て1点に集め、東京湾と三大河川に囲まれて舟運、物流の整備も進められ、江戸の発展が始まった。利根川の東遷、荒川の西遷や多くの運河が開削され、外濠にも湊ができた。外濠の完成により江戸湊は名実ともに水のインフラシステムの中心となったのである[図3]。

江戸東京の存続と水循環

都市の成立にとって水が果たす役割は大きい。古今東西、主要な都市の成立はその国の主要な河川との関わりが強い。江戸も隅田川の河口都市であり、その典型である。しかし、日本の都市には日本の風土に即した特性もあり、それは水の循環性が高いという点にある。水循環の回転がよいことは水質がよく水量が豊富である一方で、洪水によって流れ去る量も多く、水を保つには不利な条件となる。

その時に大事なストックが地下水である。東京も京都も大きな地下水の水がめを持っている。関東地下水盆は日本で一番大きな水の器であり、京都盆地も琵琶湖に匹敵する地下水の器である。桓武天皇と徳川家康というふたりの覇王が築いた平安京と江戸は、長い年月にわたり首都の地位を占めた。ともに広い視野を持って選んだ場所であり、偶然とは言えない。

江戸が東京に至るまで首都の膨張を支え得たのは、その器としての水の潜在力があったからであり、また、これを有効に引き出す知恵と技術があったからに他ならない。日本の水循環の特性をよく活かすという意味では、江戸建設期には自然の力を引き出すべく人為的な改変が加えられたが、近代化の過程で力ずくの自然改変を行った結果、自然の力を損なってきた面がある。

外濠の水循環再生の方向性を今後進めて行くに際しても、自然の力をうまく活かす知恵を思い起こす必要がある。江戸・東京における外濠と玉川上水の位置づけを再確認することは、現代の地球環境を踏まえた計画論としても意味があると言える。(神谷 博)

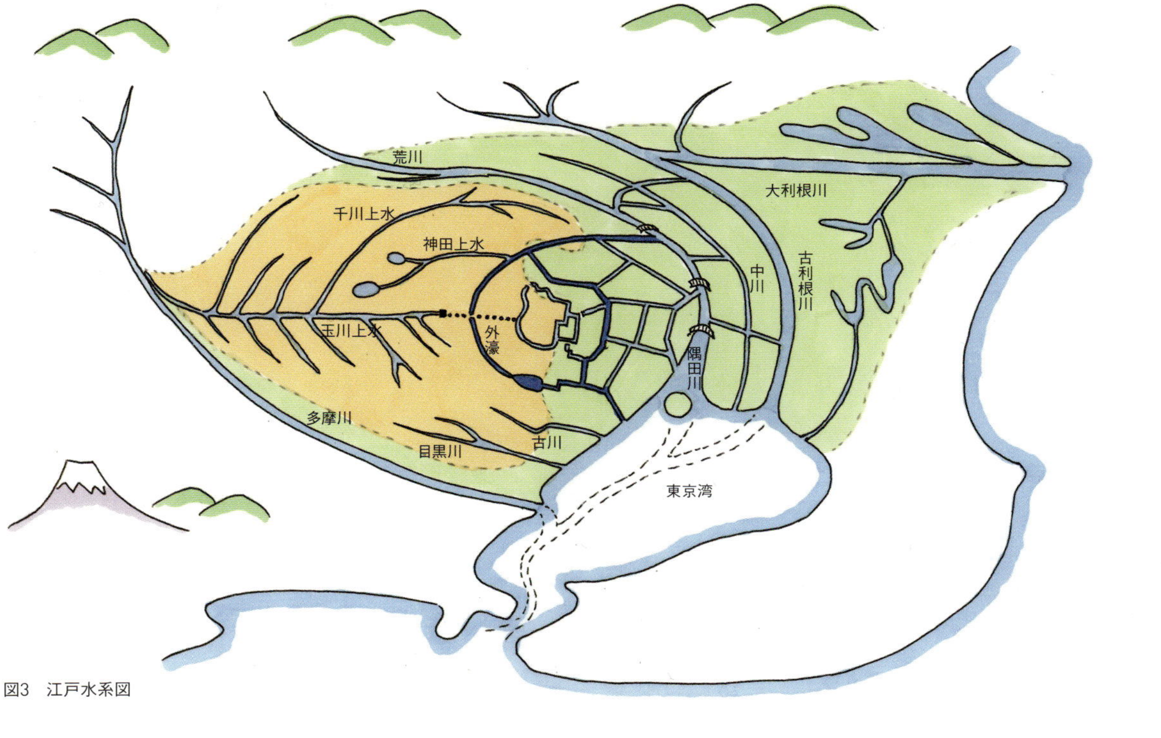

図3　江戸水系図

江戸城と外濠、その防衛的役割

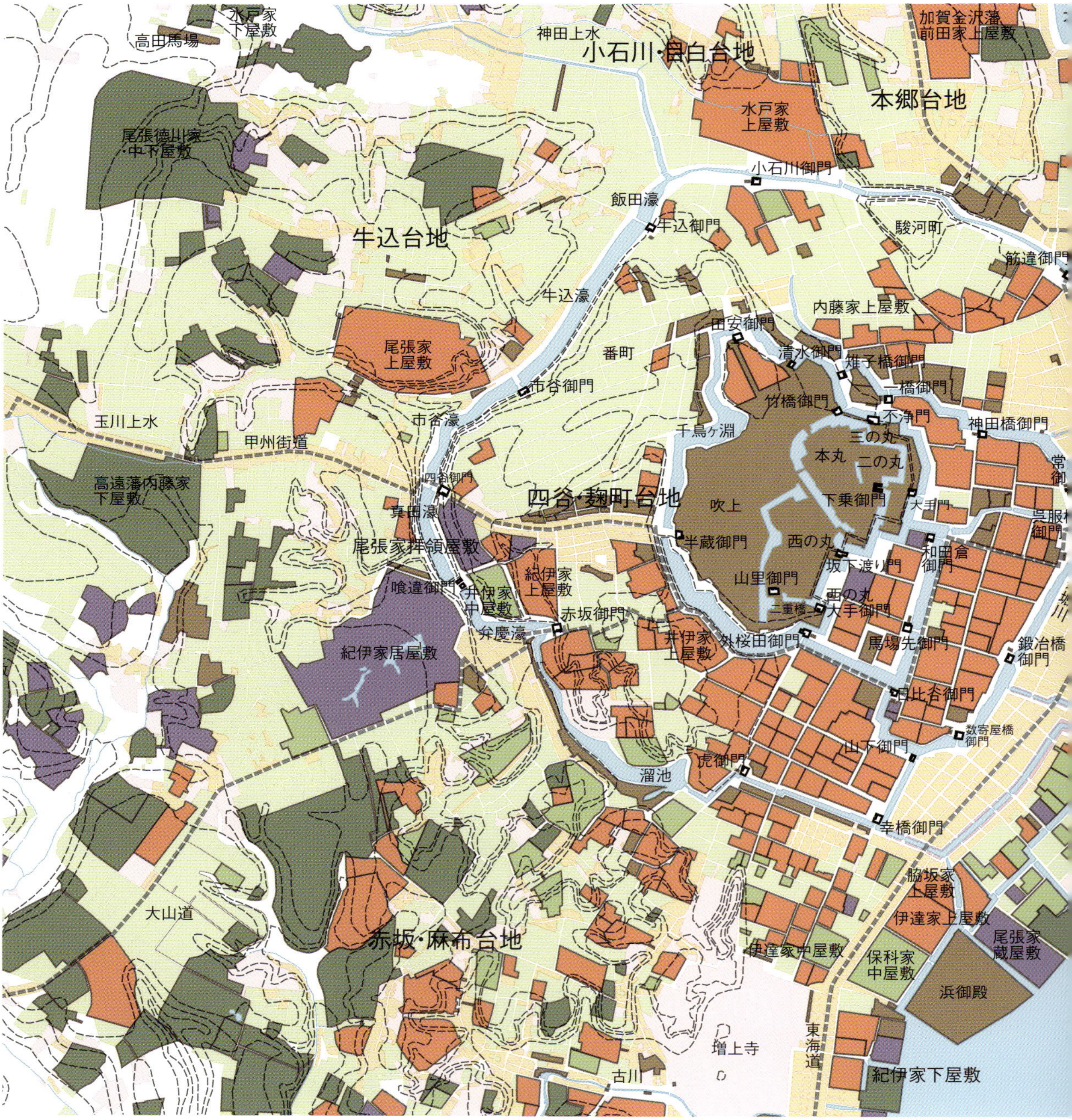

江戸の防備としての地形、濠、御門、屋敷配置

外濠と御門

江戸城は内濠と外濠によって惣構がつくられたが、必ずしも明確に二重の濠が整然と整備されたわけではない。自然の地形構造を巧みに利用した部分、意図して人工的にかたちづくられた部分の両方が見られる。

それでは、惣構の主眼、最終目標はどこにあったのか。それは、江戸城西側の内濠と外濠の整備にあったと考えられる。すなわち、家康が入府した時に抱いた疑念、台地が江戸城の中心部まで入り込み、容易に攻め込める地形を空間としてクリアにするためである。内濠のなかで一番高い位置にある半蔵御門、外濠のなかで一番高い位置にある四谷御門付近に立つと、濠の人工美を体感できる。江戸城の惣構は自然の地形を巧みに利用しただけではなく、大胆に地形を改変させているとわかる。さらに土盛りも思いのほか多くなされた。あたかも自然地形の起伏に思える高低差も、江戸城とその周辺の防備を視野に入れた計画性があった。また、市谷濠が他の濠より広く整備されたのも、周囲に高低差がないことに対する配慮である。

これら惣構の内濠と外濠を行き来する道の検問的役割として、御門と見附が設けられた。数十もある施設は、地形や場所によって空間の形態を変えており、変化に富む。多くが近代に入りその姿を失っていくが、現存する大手御門と喰違御門とを比較するだけでも趣きを異にすることがわかる。

江戸城外濠の大名屋敷配備

江戸城外濠には、徳川御三家の江戸屋敷——小石川の水戸藩邸、市谷の尾張藩邸、赤坂の紀州藩邸——が分散配置されていた。これらには、江戸城築城が完成する1636(寛永13)年前後の時期に、それぞれ外濠に隣接して屋敷を与えられたという特徴がある。江戸初期の親藩大名や有力譜代大名の屋敷賜邸は、城下町の防御という役割を持つが、外濠に隣接した御三家の屋敷も、やはり外濠とともに江戸城下の防御のためであった。それだけではなく、神田川流域の水戸藩邸、神田川支流の紅葉谷を望む尾張藩邸、溜池谷の紀州藩邸など、いずれも城下に流入する都市河川や上水と深く関係づけられている。その配置には、都市生活に必要な水道の確保や治水＝災害要因など、水管理という役割を担った。

(岡本哲志、後藤宏樹)

外濠の近代、そして未来へ

外濠と近代景観

江戸城の総曲輪として建設された外濠。水を湛え、切り立つ土手からなる勇壮な景観は、往事を彷彿とさせる。とはいえ、江戸幕府の瓦解後、外濠は総曲輪としての機能を失い、明治以降、その景観には変化が生じた。外濠の背景に広がるまちなみが大きく変わったことはもちろんのこと、外濠そのものにも少なからず手が加えられた。

外濠そのものの大きな変化としては、埋立や開削が挙げられる。埋立は、明治から大正にかけて実施された市区改正、関東大震災後の帝都復興事業、第二次大戦後の戦災復興事業によって、徐々に進められた(図1)。しかし、戦前に水面が完全に消滅したのは、溜池と真田濠などにかぎられており、多くは、外濠に沿って開通した甲武鉄道のように濠の一部が埋め立てられたにすぎない。また、牛込濠の中間を埋め立ててつくられた新見附橋は、市区改正によって交通の便宜が図られたものである(写真1)。このように新たな交通網の整備に伴い、郭内外を厳然と区画していた各見附の御門も解体されていった。

一方、明治以降に開削がなされたことは注目に値する。神田川と合流する飯田濠には、かつて神楽河岸があり、神田川を通じて東京湾からの物資が荷揚げされていた。市区改正において、舟運をより充実させるために、飯田濠の東端を南側に開削することで、今日の日本橋川がかたちづくられたのである。それと前後して、甲武鉄道の終着駅がここにつくられたことにより、飯田

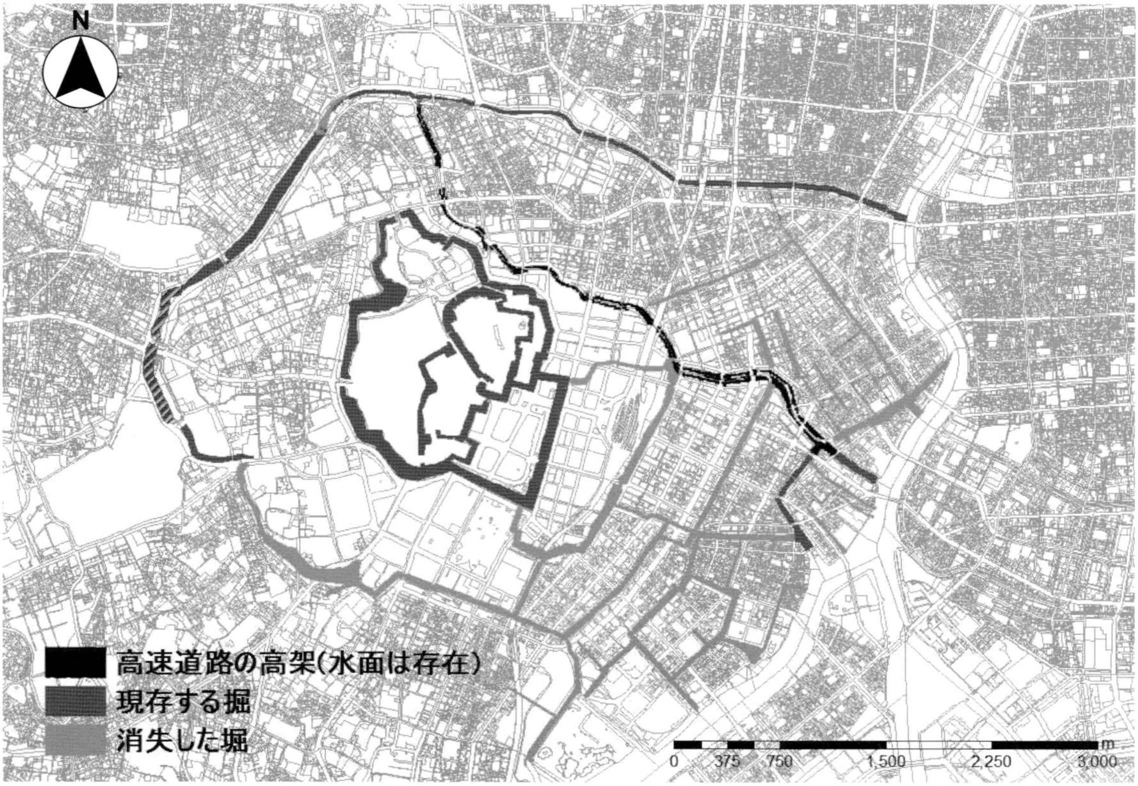

図1　外濠の埋立

町停車場は陸運と舟運の一大ターミナルと化していった。

明治以降の外濠は、そもそもの防衛機能が解体していく過程であった。それは、外濠の使われ方にも変化が現れる。洋装を身にまとい、まちを闊歩するモボ・モガが登場してくる大正後半になると、牛込濠・市谷濠・弁慶濠にはボート場が整備され、大衆の娯楽や健康の場となっていった。今日ではボートを漕ぐ姿はあまり見られなくなったが、それでも桜の季節になれば、数艇のボートが外濠に漂う(写真2)。

ところで、今や外濠の風物詩のひとつである桜は、甲武鉄道の開通の際に、土手の上に植樹されたことにはじまる。そもそも総曲輪としては、見晴らしがよいことが必要不可欠であり、土手の上に松が植えられていたに過ぎなかった。とりわけ、外堀通り沿いの桜に至っては、戦後になってから植えられたものである。今日では、外濠と桜と中央線は格好の被写体となっているが、かつては、外堀通りを都電が併走していた。外濠を挟んで、中央線と都電が行き交う風景も今や昔となった(写真3)。

このように、たおやかな風景を見せている外濠の景観も、ゆるやかに変化してきたのである。（恩田重直）

写真1　牛込濠の中間を埋め立ててつくられた新見附橋

写真2　牛込濠のボート

写真3　外濠沿いを行き交う中央線と都電

外濠の近代、そして未来へ

文化財としての外濠

国指定史跡江戸城外堀跡についての距離感

江戸城に関する文化財としては、国指定特別史跡江戸城跡を中心として、常盤橋門跡、江戸城外濠跡が国史跡に指定されている。江戸城内濠にある旧江戸城・桜田門、田安門、清水門が国重要文化財（建造物）に指定されている。

江戸城外濠跡の史跡指定地は、赤坂門から牛込門に至る昭和30年代当時現存する濠を主体として、飛び地として虎ノ門周辺に点在する石垣が1956（昭和31）年に国史跡として指定された（昭和31年3月26日官報告示第12号）。指定地は延長約4km（約38ha）となり、江戸城外郭を取り巻く外濠の他、神田川、溜池を含めた往時の惣構全体の約30%程度である【図1】。

指定に至る経緯

江戸城外濠の史跡指定は、戦前の1935〜37（昭和10〜12）年に文部省において現指定より広範囲にわたって検討された。

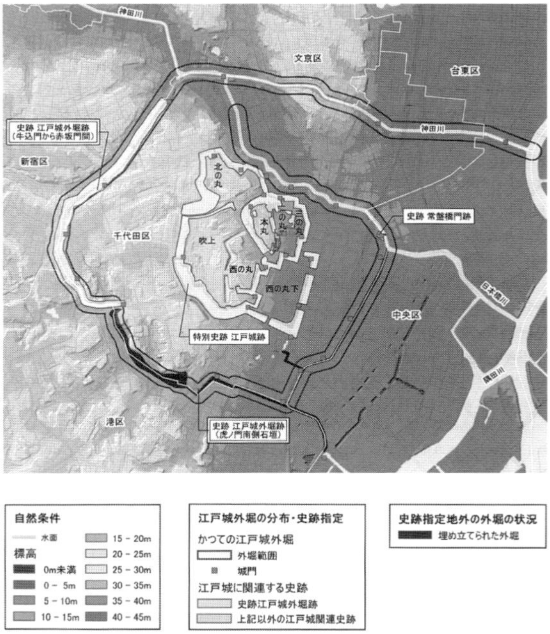

図1　江戸城外堀

写真1　外濠（牛込見附〜市谷見附間の水面・鉄道・土手）

1953（昭和28）年に虎ノ門公園にあった江戸城外濠の石垣が東京都指定史跡（昭和30年旧跡）となり、その後、この地点を含めて現指定範囲が1956（昭和31）年に国史跡として指定された。

明治期〜戦後〜国史跡指定時におけるまで、江戸城外濠は、その多くが埋め立てられてきたが、戦前土手公園として位置づけられてきた牛込門北方から、赤坂門間の当時残存する濠を主体とし、虎ノ門公園や、文部省別館（国立教育会館）建設以前に残存していた石垣を、飛び地として国史跡に指定された。

史跡文化財の評価

昭和31年指定理由は、以下のような説明がなされている。

> 自然の堀である溜池が埋め立てられており、枡形の多くが破壊され、又、鉄道用地になり、堀の景観は著しく損なわれている地域があるものの、総体としてみるならば外濠としての景観は見るものがあり、惣構の旧態を偲ぶことができる。殊に江戸城防備のため特に人工を以て掘鑿したる部分が概ね形態をとどめていることは貴重である。特に牛込見附から市谷に至る間と赤坂見附付近は今なお満々と水を湛えて旧観を今に伝えており、枡形の一部石塁が残存し、中でも喰違い土塁は構築当時

の旧態を止めている。また虎ノ門南の外濠沿いの石垣も貴重であるが、西に屈曲して溜池に連なるところ隅石が現存するのは殊に貴重である。

枡形石垣・土塁の保存状況と課題

牛込門——枡形門石垣は、おおむね半分程度保存されており、指定地の見附のなかでは当地区が最も構造物が良好に保たれている。北側石垣は1972、73（昭和47、48）年に文化庁によって解体修理がされたが、現在、北側石垣は指定がされておらず、南側石垣のみが指定されている。南側石垣の保存状態は良好である。

北側石垣は、現況では一部建物などで遮蔽されている部分があり、また植物などにより、石垣などの顕在化を妨げている状況が見られる。これらへの対応が必要である【写真2】。

四ッ谷門——枡形門石垣は、北側石垣が現存しているが、一部改造され江戸期の位置と若干異なっており、明治期の市電電車敷設によって移築された可能性がある。南側石垣はJR四ッ谷駅舎の下部に保存され、一部が露出している状況である。

現存する枡形石垣などの見附に携わる建造物の顕在化が図れるよう、遮蔽建物や植物などへの対応が必要である【写真3】。

喰違い——喰違虎口は、土塁構造として旧江戸城外堀のなかで最も往時の状況が残存している。土塁は一部流出し、部分的に削り取られているが、発掘調査により、段切りと版築構造が確認され、構築当初の土橋の形状を留めている。

現状保存のため、土塁流出の防止と、一部形態の旧状への復旧を図るとともに、植栽の管理が必要である。また、現在、土橋を通行する自動車の交通コントロールの検討が必要と考えられる【写真4】。

写真2　牛込見附（枡形石垣—南側）

写真3　四谷見附（枡形石垣—北側）

写真4　喰違虎口（土塁）

史跡文化財の今後——保存と活用

外濠景観の保全・再生——史跡指定地内の各種事項は、基本的に文化財保護法において対応すべき課題である。とくに現状変更については、本来あるべき将来像をふまえ、より厳密な許可審査を行うことが求められる。

その一方で文化財保護法において、対応が難しい既得権利（堀埋立地と占有使用等）などについては、別の法制度の検討も必要である。特に外濠水面再生の実現性についての法制度、事業制度の検討が急がれる。

外濠空間の整備活用——外濠空間の整備活用視点につき、今後、次の視点について検討が必要と考えられる。

〈視点a〉……江戸城外濠の景観イメージを形成する（現存する）歴史的拠点の再生・整備を図る

〈視点b〉……江戸城見附の復元整備（喰違いと土塁の再生整備）を図る

〈視点c〉……眺望拠点（視点場）の景観整備を図る

〈視点d〉……歴史的拠点や眺望拠点を回遊する歩行者空間のネットワーク整備を図る　（佐々木政雄）

外濠の近代、そして未来へ

外濠と都市計画

現行都市計画の史跡との距離感

写真1　濠左側の崖上の緑地部から右側の法（のり）上までが都市計画公園・緑地、その右側が計画幅員40mの都市計画道路環状2号線（外堀通り）である。外堀通り右側未拡幅部分の建築制限（3階建てまで）のラインが明快に見える

都市計画による外濠の位置づけ

史跡江戸城外堀跡に指定される現在水面が残る牛込濠から弁慶濠までについて、現行都市計画では以下のような位置づけを受ける。

- 大部分が都市計画緑地
- 水面を含め第一種住居地区
- 周辺と一体的にふたつの風致地区
- 外側に沿って都市計画道路環状2号線

これらの指定区域はそれぞれ微妙にずれながら指定されている。これら都市計画と外濠の関係、距離感について見ていく。

都市計画道路と外濠

牛込濠から弁慶濠まで、外濠に沿って都市計画道路環状2号線（外堀通り）、計画幅員40mが計画決定されている。牛込濠から市谷濠の区間は小河川を開削し外濠がつくられ、濠の開削土により濠の外側につくられたとされる平地部の大部分が広幅員道路として使われることとなる。幅100～120m程の濠本体と道路により広々した都市空間が形成されることとなる。この広大な空間がもしかすると江戸城としての往時とはかなり異なった空間を東京のまちにつくり出すこととなる。外堀通りの現在供用済の幅員は25m程であるため、計画通りに完成した場合の広々感は、現在とはかなり異なるものと想像される。これは真田濠、弁慶濠の区間についても同様であろう。

現在、沿道では道路による都市計画規制により、3階までの部分が供用済道路に面し、高層部は完成幅員までセットバックしてあるビルが連続し、独特の沿道空間を形成している。都市計画規制がまち並みとして現出している。

史跡以外の部分、例えば赤坂見附から溜池、虎ノ門の区間は、従来の外濠そのものが外堀通りとなっている。虎ノ門から新橋では、濠であった部分は民間の敷地となっている。従来の濠とその両側を見ると、外側が道路、内側が切り立った崖の史跡の区間は濠が残され、両側に道路がなかった区間は濠そのものが道路になり、両側に道路があった区間は埋められて民間の土地となった。濠とそれに沿った道路の位置関係が都市計画道路の計画に影響し、外濠の運命を決めたかのように見える。

都市計画公園、緑地と外濠

牛込濠から弁慶濠までのほぼ全域が都市計画公園・緑地とされ、牛込濠に沿って切り立った外濠の内側は、通称外濠公園として供用されている。一部を埋められた市谷濠の埋立部分も外濠公園として利用されている。しかし、その他の区間も都市計画公園・緑地の指定を受けるものの、一般人が立ち入ることができる空間は限定されている。史跡、風致地区、緑地と重複指定されている外濠は、単に都市計画公園・緑地のみの機能として開放されにくいのかもしれない。また、市谷見附に隣接した部分では、現在建物が建っている部分に緑地指定がなされており、道路と同様に都市計画規制により建物高さが抑えられている。

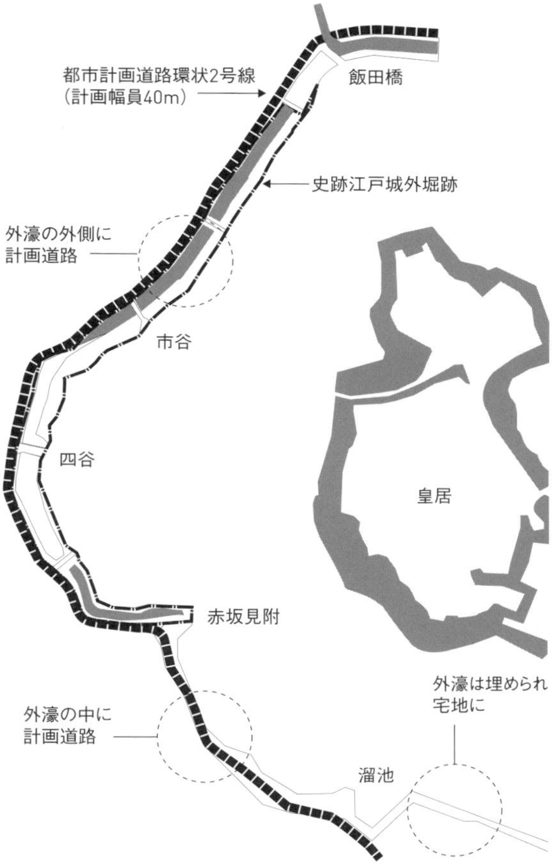

図1　地形条件と都市計画道路の対応。
・飯田橋から赤坂見附まで——濠外側に沿って江戸時代より道路あり。濠内側は切り立った崖。この地形上の条件より、濠外側に沿って広幅員の道路が計画されている。
・赤坂見附から溜池まで——濠両側には江戸時代に道路がなかった。濠そのものを計画道路の敷地として濠は埋め立てられた。
・溜池より東側——江戸時代には濠両側に道路、地形は平坦。濠は埋められ建築敷地に。

その他の都市計画など

道路や鉄道敷なども同様であるが、現行都市計画では外濠の水面を含め第一種住居地区の指定がある。市ヶ谷駅、四ツ谷駅に隣接する部分では商業地域指定が見られる。外濠内部空間であっても一定の土地利用を見込んでおり、実際に市ヶ谷駅、四ツ谷駅に隣接する部分では、都市計画公園・緑地の区域内である外濠の部分で商業的土地利用が見られる。

風致地区は飯田橋から四谷までの区間が市谷風致地区、四谷から赤坂見附までの区間が迎賓館前庭およびホテルニューオータニ、赤坂プリンスホテル敷地とともに弁慶橋風致地区の指定を受ける。四ツ谷駅隣接の商業的土地利用がなされている部分は風致地区から除外されている。

以上に見たとおり、外濠に関する都市計画は、周囲の地区ととくに区分されることなく、淡々と各種施設、地域地区が指定されている印象を受ける。都市計画上、特段の扱いはなされてはいない外濠と見ることができる。　　　　　　　　　　　　　　　　　（高見公雄）

コラム
外濠の中世
エコヒストリー図①

徳川家康が江戸に入府するのは1590年。それ以前までは江戸の大部分がまだ武蔵野の面影を残す静かな場所であった。図は16世紀ごろの外濠周辺を描いたものである。小さな小川がいくつか流れ、それに沿うように集落が点在していた。四谷あたりには、まだ谷がなく、甲州街道が尾根に沿ってのびていた。

周囲で一番大きな建物といえば牛込城であろう。牛込氏は北条家に仕えた豪族で、現在の神楽坂側の光照寺のあたりに居城を築いていたと推測されている。牛込氏の居城は、周囲で一番の高台で、比較的平らな土地の上に位置している。江戸時代になってから、この一帯がその立地、防衛上の利点から、御家人と呼ばれる下級武士の屋敷地である、御徒組の組屋敷として開発されたのも興味深い。

外濠とはこのような緑の丘陵地帯を開発する巨大土木事業であったのである。しかし、既存の小川、地形を細やかに読み込みながら計画されている点で、外濠の景観は長い年月に裏打ちされた凄みをもっている。　（高道昌志）

作画＝輪島梢子

コラム

外濠の近世

エコヒストリー図②

人の手がほとんど加えられることがなかったこの一帯に外濠が築かれたのは1636年、徳川家三代家光の時代である。巨大な土木構造物である外濠は、その普請を各大名にそれぞれの場所を担当させながら、早期の完成を実現させる。

外濠はもとある河川や谷を拡幅するなど、自然地形を巧みに利用しながら造成されたという側面と、現地形を大規模に改変することで築かれているというふたつの側面が、同居するように組み込まれているのがその最大の特徴であろう。中世の図と比べれば一目瞭然だが、飯田橋から市谷にかけての範囲では小川の流れる谷地を利用して、四谷辺りでは台地を切り開くことで外濠が造成されている。

図は江戸の全盛期、およそ19世紀初頭の様子を描いたものであるが、外濠が築かれたことによって内郭と外郭が明確に分けられている。大小さまざまな武家屋敷が配置され、番町のグリッド状の街区、外堀通りや麹町の町家群、紀尾井町の大名屋敷群など、巨大城下都市江戸としての骨格が見出せる。水道橋の水戸徳川家の上屋敷、市谷の尾張徳川家の上屋敷、四谷の紀伊徳川家の上屋敷と、いわゆる御三家の巨大な御屋敷が各見附の外側に配されているのも特徴的である。

外濠の水は、真田濠から牛込濠に向かって流れをつくり出すように計画され、水質は良かったという。江戸のまちは緑に囲まれた水の都であった。

（高道昌志）

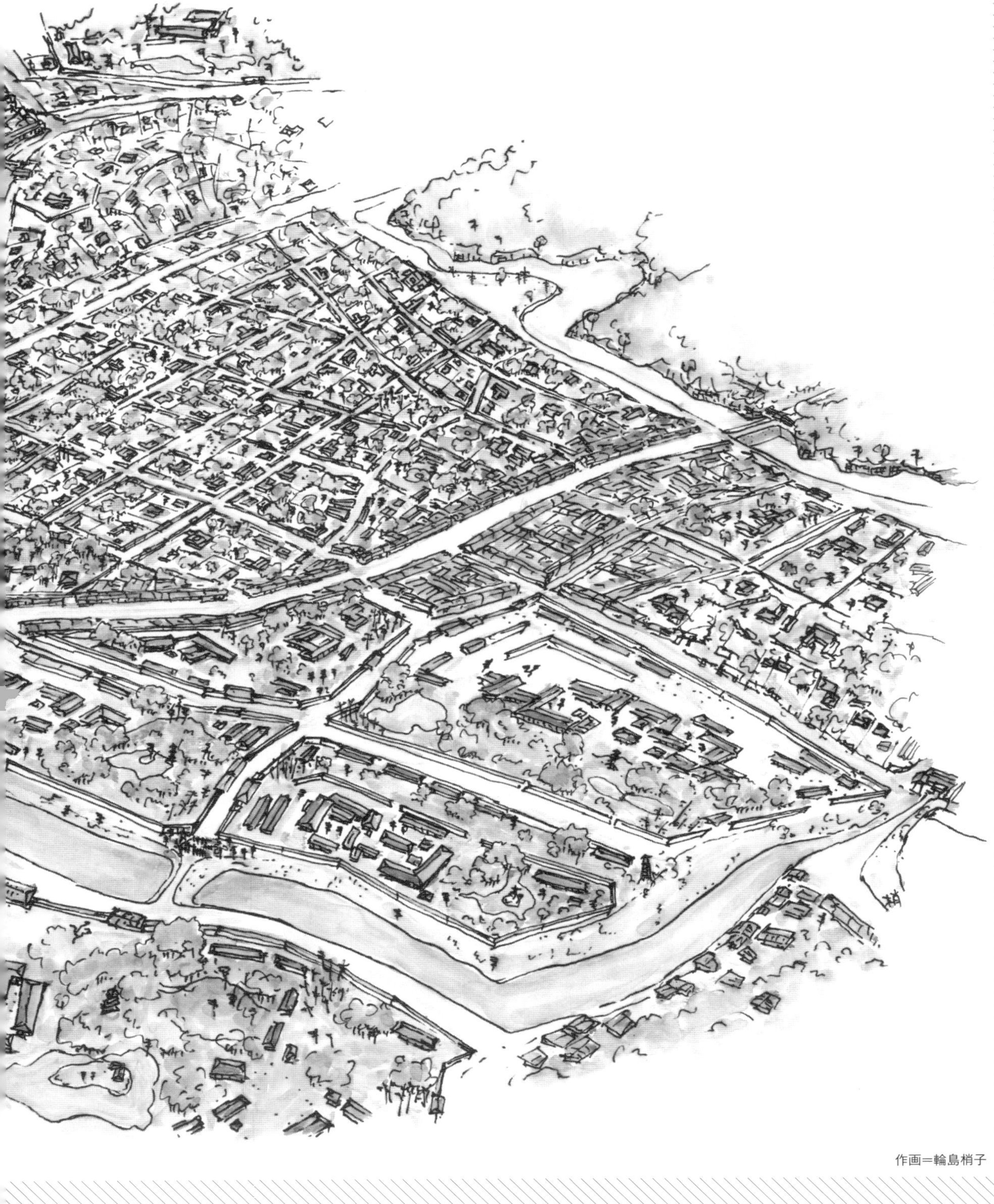

作画＝輪島梢子

コラム

外濠の近代

エコヒストリー図③

江戸が東京に変わって近代を迎えるとき、外濠はその役目を転換しながらも、幸いにしてその水面、形態を都市空間のなかに留めていった。

図は大正初期ごろの外濠周辺であるが、まず最も大きな変化は土手に鉄道が通されたことであろう。四谷から飯田町間の水辺を轟音とともに疾走する姿はまさに近代の象徴であった。停車場が各見附の位置に設置されたことも興味深い。

周辺ではまず、御三家の巨大な敷地規模を誇る上屋敷がそれぞれ国家施設へと転用されていったことが大きな変化であるといえる。水道橋の水戸家は陸軍砲兵工廠へ、市谷の尾張家は陸軍士官学校へ、四谷の紀伊家は赤坂離宮として生まれ変わる。明治になっても外濠周辺における、敷地規模や街区構造といった都市の大きな骨格はそのまま継承されていった。

防衛の役割を失った外濠には、いくつか新しい橋も架けられる。とくに四谷見附橋は1913（大正2）年に架橋されたバロック調の意匠が施された豪華なもので、赤坂離宮の意匠を意識していた。

その他にも、神楽坂が町として開かれていること、靖国神社と九段の花街が開かれていること、それまでの武家屋敷が洋館などの近代の屋敷へと転換していることなど、近代の変化が見て取れる。

このように近代化が進むなかでも、当時はまだ水面がほとんど残され、形状も維持され、近代の外濠はまだ江戸の風情を色濃く残していた。外濠の近代化は緩やかに江戸を読み替えながら成立していったのである。（高道昌志）

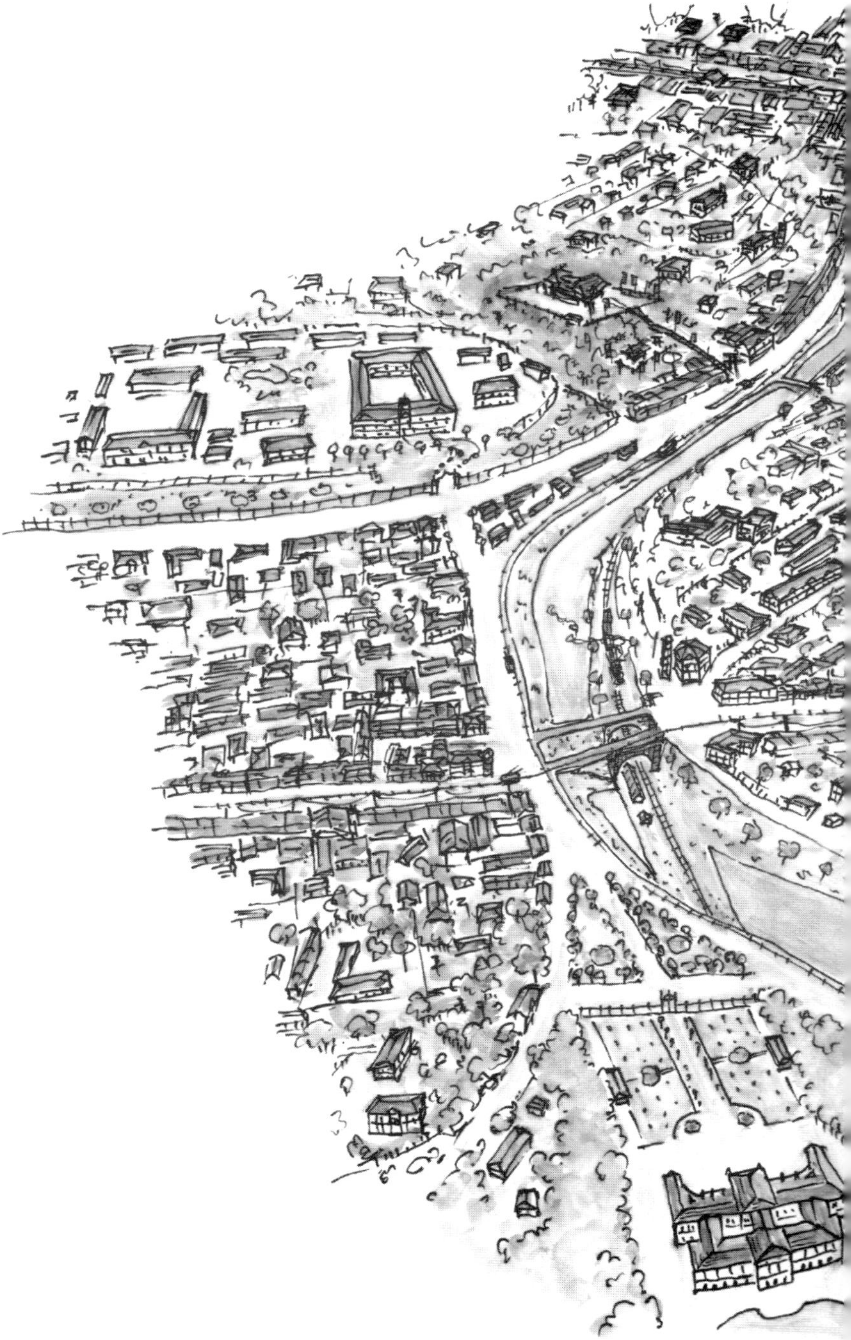

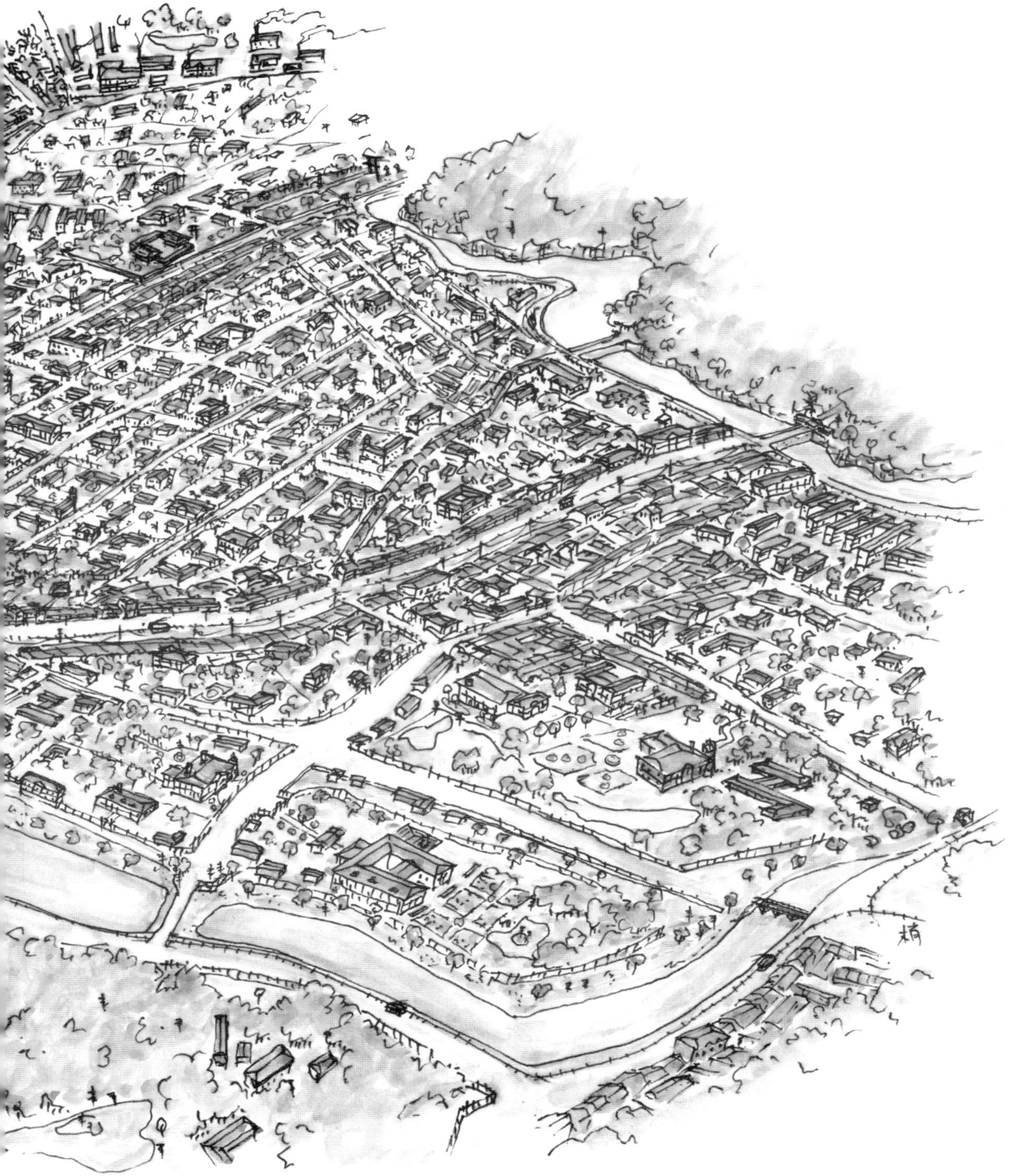

作画＝輪島梢子

第2章

外濠を知る

千代田区側土手の遊歩道より
対岸を望む（手前は中央線）
写真＝鈴木知之

つくられた外濠

外濠の石垣

外濠は自然地形を利用しながら大規模な改変が加えられた巨大な土木構造物であり、城壁という本来の目的を果たすために一部で強固な石垣が組まれている。斜面地という周囲のまちの性質から、土地の造成のために至る所で石垣が組まれ、現在においてもその多くがそのままの姿で残されている。外濠の界隈は現在も石垣のまちといった趣きがある。

外濠の石垣といえばまずなんといっても見附である。江戸城を防衛する城門であるこの構造物は、各大名にそれぞれ造成を担当させることで競わせ、その精度、美しさの向上を図りながら早期の完成を実現させた。牛込見附、四谷見附、赤坂見附においては一部であるが石垣が当時の姿で、そのままの場所に残されている。

市谷見附においては、その大部分が地下鉄南北線市ヶ谷駅の構内に保存・展示されており、ぜひご覧いただきたい。虎ノ門は見附ではないが、濠の石垣が文部科学省や地下鉄銀座線虎ノ門駅11番出口など何ヵ所かに点在して展示されているので、近くを通りかかった際は散策してみてはどうだろうか。

見附自体もさることながら、対岸を結ぶ土橋にも魅力的な石垣は多い。とくに市谷見附の土橋はほぼ原形を留めており、市谷濠の水を牛込濠（現在は新見附濠）へ落とすための堰堤も残され見どころが多い。この橋は外堀通りと靖国通りを結ぶ交通量の多い主要道路で、380年の歴史遺産が現在のインフラにも組み込まれ、現役で活用されているところに外濠の凄みを感じる。

視線を周囲のまちに向けてみよう。斜面地の多い外郭側の江戸時代から続く坂道を歩けば、それだけでほぼ間違いなく魅力的な石垣に遭遇することができる。溜池山王駅近く、六本木2丁目側の南部坂から氷川神社に至る道筋は、アメリカ大使館官舎の門構えと相まって、当時の武家屋敷のまち並みの様子を伝えてくれる。市谷長延寺町の長延寺谷は現在、団地となっているが、江戸時代まではその名の通り長延寺というお寺であり、牛込台地に食い込むように造成された石垣は、まさに断崖絶壁の聳える壁であり、その様相は一見の価値がある。

このように外濠周辺には魅力的な石垣が随所に残されている。建築が何十年、何百年と時代を跨いで残り続けることが難しい東京において、この外濠の石垣は地域の独自性を保証する確かな資源であり、都市の記憶を継承する重要な歴史遺産であるといえる。この都市の些細な痕跡が、今後何百年、何千年と、我々にメッセージを送り続けるようなまちであり続けてくれることを切に願ってやまない。（高道昌志）

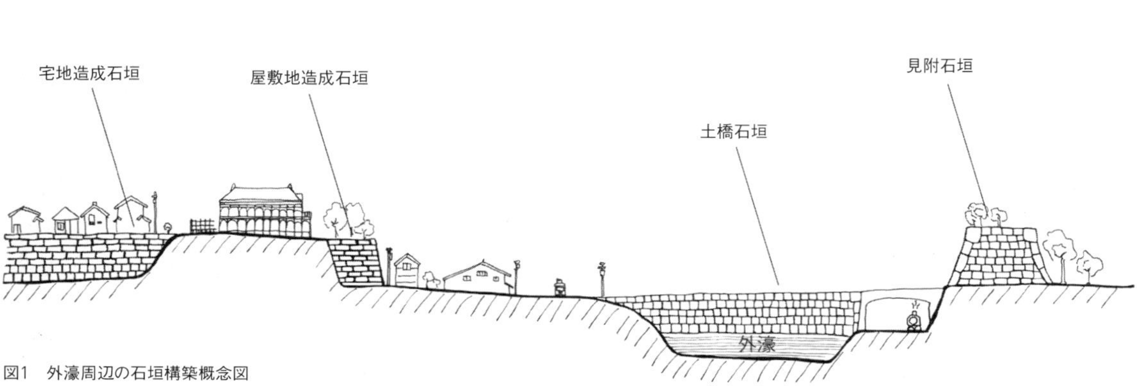

図1　外濠周辺の石垣構築概念図

写真1　牛込見附

写真2　四谷見附

写真3　赤坂見附

写真4　地下鉄南北線構内での市谷見附展示

写真5　市谷見附土橋

写真6　南部坂の石垣の様子

写真7　長延寺谷に築かれた各時代の石垣

つくられた外濠

江戸城御門と見附

御門は江戸の要である。それは、外敵の侵入を拒むという防衛上の観点から欠くことのできない重要な施設であったばかりでなく、権威の象徴、あるいは地域のランドマークとして存在した江戸のシンボルであった。

江戸城の御門は一般に「江戸城三十六見附」と称されるが、実際には100近い大小の門があり、そのうち枡形になっていたもののみでも40に達した。三十六歌仙や三十六峰という選び方にちなんで外郭の門と内郭の主要なものを数えて三十六見附としたのである。

現在においてその姿を完全に留めている御門は皇居などに残る一部であり[写真1]、多くは石垣を残すのみ、あるいは完全に無くなってしまっているという状況である。これは明治以降、不要となった御門が次々と撤去されていった結果であった。

しかし、御門はある時期に一斉に撤去されてしまったわけではない。明治を迎えても多くの御門は依然として健在であった。それぞれの地域の特性から、その必要に応じて段階的に処理されていったのである。図2は地図資料から読み取れる年代ごとの御門の残存度の推移を示したもので、明治の後期頃から石垣や枡形が失われていったことが読み取れる。また、御門を地域ごとに分類して見てみると、それぞれに特徴が見いだされ面白い。

例えば最外郭エリアは、①浅草橋御門、②筋違橋御門、③小石川橋御門を含む神田川が流れる地域で、1884（明治17）年の段階ですべての御門が消滅している。ここは上野や浅草といった当時の盛り場と、商業地区である日本橋を結ぶ重要な結節点であり、枡形も石垣も早い段階で撤去されている。

城西エリア（④牛込御門、⑤市谷御門、⑥四谷御門、⑦赤坂御門、⑳半蔵御門）はそれとは逆に変化があまり多くないエリアである。皇居の西側、当時の東京の中心である日本橋や銀座から離れたこのエリアでは、早急に枡形石垣を撤去する必要性があまりなかったと考えられる。1930（昭和5）年の段階でも、すべての御門が枡形の石垣の一部を留めている。また、このような一部のみの石垣の撤去には、路面電車を通すための枡形の廃止にともなう道路の拡幅も起因していたと考えられる。

さて、このように明治期に解体されていった御門であるが、その石自体はその後どのように扱われていったのであろうか。ここに面白い事例がある。神田に万世橋という橋がある。現在は架け変わっているが、この橋の第一号は東京初の石造アーチ橋であった。この橋に使われた石材が、すぐそばの筋違御門の石垣であった。

また、日比谷公園内には所々に大きな石が散らばっている[写真2]。ベンチと呼ぶには少し雑な感じのするこれらの石は、どことなく御門を構築した巨大な石の断片には見えてこないだろうか（日比谷御門）。怪しい石は

写真1　当時の姿のままで残る外桜田御門

写真2　日比谷御門の転用と思われる石

馬場先御門の周辺にも散らばっている【写真3】。こちらは生垣と通路の境界線に使われている。やはり何か不自然な、新しく作ったというよりは余ったものを利用したような違和感がある。これも馬場先御門の枡形石垣ではないかと考えられる。

江戸のシンボルであった巨大な構築物である御門。その圧倒的な存在感は失ってしまったものの、今もひっそりと東京のあちこちに形を変えて留まっている。その痕跡から当時の姿を偲ぶのも面白い。

（高道昌志、岸田大地）

写真3　馬場先御門からの転用と思われる石

図1　調査対象とする御門の配置

No.	御門名	1653年	1859年	1876年	1881-1884年	1907年	1911年	1919-1922年	1930-1932年	1951年	1956-1959年	2008年
1	浅草橋御門	Ⅲ	Ⅳ、(Ⅴ)	Ⅰ	Ⅰ	Ⅰ	Ⅰ	Ⅰ	Ⅰ	Ⅰ	Ⅰ	Ⅰ
2	筋違橋御門	Ⅲ	Ⅳ、(Ⅴ)	Ⅰ	Ⅰ	Ⅰ	Ⅰ	Ⅰ	Ⅰ	Ⅰ	Ⅰ	Ⅰ
3	小石川橋御門		Ⅳ、(Ⅴ)	Ⅲ、(Ⅳ)	Ⅰ	Ⅰ	Ⅰ	Ⅰ	Ⅰ	Ⅰ	Ⅰ	Ⅰ
4	牛込御門		Ⅳ、(Ⅴ)	Ⅲ、(Ⅳ)	Ⅲ	Ⅱ	Ⅱ	Ⅱ	Ⅰ、(Ⅴ)	Ⅱ、(Ⅴ)	Ⅱ	Ⅱ
5	市谷御門		Ⅳ、(Ⅴ)	Ⅲ、(Ⅳ)	Ⅲ	Ⅱ	Ⅱ	Ⅱ	Ⅰ、(Ⅴ)	Ⅰ、(Ⅴ)	Ⅰ	Ⅰ
6	四谷御門		Ⅳ、(Ⅴ)	Ⅲ、(Ⅳ)	Ⅲ	Ⅱ	Ⅱ	Ⅱ	Ⅰ、(Ⅴ)	Ⅰ、(Ⅴ)	Ⅱ	Ⅱ
●	喰違御門		Ⅲ、(Ⅳ)	Ⅱ	Ⅱ							
7	赤坂御門		Ⅳ、(Ⅴ)	Ⅲ、(Ⅳ)	Ⅲ	Ⅱ	Ⅱ	Ⅱ	Ⅰ、(Ⅴ)	Ⅰ、(Ⅴ)	Ⅱ	Ⅱ
8	虎之御門	Ⅳ	Ⅳ、(Ⅴ)	Ⅲ、(Ⅳ)	Ⅲ	Ⅰ	Ⅰ	Ⅰ	Ⅰ、(Ⅴ)	Ⅰ、(Ⅴ)	Ⅰ、(Ⅱ)	Ⅰ
9	幸橋御門	Ⅳ	Ⅳ、(Ⅴ)	Ⅲ、(Ⅳ)	Ⅲ	Ⅰ	Ⅰ	Ⅰ	Ⅰ	Ⅰ、(Ⅴ)	Ⅰ、(Ⅱ)	Ⅰ
10	山下御門	Ⅳ	Ⅳ、(Ⅴ)	Ⅲ、(Ⅳ)	Ⅲ	Ⅰ	Ⅰ	Ⅰ	Ⅰ	Ⅰ、(Ⅴ)	Ⅰ、(Ⅱ)	Ⅰ
11	数寄屋橋御門	Ⅳ	Ⅳ、(Ⅴ)	Ⅲ、(Ⅳ)	Ⅲ	Ⅱ	Ⅰ、(Ⅱ)	Ⅰ	Ⅰ	Ⅰ	Ⅰ	Ⅰ
12	鍛冶橋御門	Ⅳ	Ⅳ、(Ⅴ)	Ⅲ、(Ⅳ)	Ⅲ	Ⅱ	Ⅱ、(Ⅲ)	Ⅰ	Ⅰ	Ⅰ	Ⅰ	Ⅰ
13	呉服橋御門	Ⅳ	Ⅳ、(Ⅴ)	Ⅲ、(Ⅳ)	Ⅲ	Ⅱ	Ⅱ、(Ⅲ)	Ⅰ	Ⅰ	Ⅰ	Ⅰ	Ⅰ
14	常盤橋御門	Ⅳ	Ⅳ、(Ⅴ)	Ⅲ、(Ⅳ)	Ⅲ	Ⅲ、(Ⅳ)	Ⅱ、(Ⅲ)	Ⅱ	Ⅰ、(Ⅴ)	Ⅰ、(Ⅴ)	Ⅱ	Ⅱ
15	神田橋御門	Ⅳ	Ⅳ、(Ⅴ)	Ⅲ、(Ⅳ)	Ⅲ	Ⅱ	Ⅰ	Ⅰ	Ⅰ	Ⅰ	Ⅰ、(Ⅱ)	Ⅰ
16	一橋御門	Ⅳ	Ⅳ、(Ⅴ)	Ⅲ、(Ⅳ)	Ⅲ	Ⅱ	Ⅱ、(Ⅲ)	Ⅱ	Ⅰ	Ⅰ、(Ⅴ)	Ⅱ	Ⅱ積み直し
17	雉子橋御門	Ⅳ	Ⅳ、(Ⅴ)	Ⅲ、(Ⅳ)	Ⅲ	Ⅱ	Ⅱ	Ⅱ	Ⅰ	Ⅰ、(Ⅴ)	Ⅰ	Ⅰ
18	清水御門	Ⅳ	Ⅳ、(Ⅴ)	Ⅳ、(Ⅲ)	Ⅳ	Ⅳ、(Ⅲ)	Ⅳ、(Ⅲ)	Ⅳ、(Ⅲ)	Ⅳ、(Ⅲ)	Ⅳ、(Ⅴ)	Ⅳ	Ⅳ
19	田安御門	Ⅳ	Ⅳ、(Ⅴ)	Ⅳ、(Ⅲ)	Ⅳ	Ⅳ、(Ⅲ)	Ⅳ、(Ⅲ)	Ⅳ、(Ⅲ)	Ⅳ、(Ⅲ)	Ⅳ、(Ⅴ)	Ⅳ	Ⅳ
20	半蔵御門	Ⅳ	Ⅳ、(Ⅴ)	Ⅲ、(Ⅳ)	Ⅲ	Ⅱ	Ⅱ、(Ⅲ)	Ⅱ	Ⅱ	Ⅱ、Ⅴ	Ⅱ	Ⅱ他から移築
21	外桜田御門	Ⅳ	Ⅳ、(Ⅴ)	Ⅳ、(Ⅲ)	Ⅳ	Ⅳ、(Ⅲ)	Ⅳ、(Ⅲ)	Ⅳ、(Ⅲ)	Ⅳ、(Ⅲ)	Ⅳ、(Ⅲ)	Ⅳ	Ⅳ
22	日比谷御門	Ⅳ	Ⅳ、(Ⅴ)	Ⅲ、(Ⅳ)	Ⅲ	Ⅰ	Ⅰ	Ⅰ	Ⅰ	Ⅰ	Ⅰ	Ⅰ
23	馬場先御門	Ⅳ	Ⅳ、(Ⅴ)	Ⅳ、(Ⅲ)	Ⅳ	Ⅰ	Ⅰ	Ⅰ	Ⅰ	Ⅰ	Ⅰ	Ⅰ
24	和田倉御門	Ⅳ	Ⅳ、(Ⅴ)	Ⅳ、(Ⅲ)	Ⅳ	Ⅳ、(Ⅲ)	Ⅳ、(Ⅲ)	Ⅳ、(Ⅲ)	Ⅳ、(Ⅲ)	Ⅳ、(Ⅴ)	Ⅲ	Ⅲ
25	大手御門	Ⅳ	Ⅴ	Ⅴ	Ⅳ	Ⅳ、(Ⅲ)	Ⅳ、(Ⅲ)	Ⅳ、(Ⅲ)	Ⅳ、(Ⅲ)	Ⅳ、(Ⅴ)	Ⅲ	Ⅳ
26	平川御門	Ⅳ	Ⅴ	Ⅴ	Ⅳ	Ⅳ、(Ⅲ)	Ⅳ、(Ⅲ)	Ⅳ、(Ⅲ)	Ⅳ、(Ⅲ)	Ⅳ、(Ⅴ)	Ⅳ	Ⅳ
27	竹橋御門	Ⅳ	Ⅳ、(Ⅴ)	Ⅱ	Ⅱ	Ⅱ	Ⅱ	Ⅱ	Ⅱ	Ⅱ、(Ⅰ)	Ⅱ、(Ⅰ)	Ⅱ、(Ⅰ)
28	内桜田御門	Ⅳ	Ⅴ	Ⅴ	Ⅳ	Ⅳ、(Ⅲ)	Ⅳ、(Ⅲ)	Ⅳ、(Ⅲ)	Ⅳ、(Ⅲ)	Ⅳ、(Ⅴ)	Ⅳ	Ⅳ
29	坂下御門	Ⅳ	Ⅴ	Ⅴ	Ⅳ	Ⅴ	Ⅴ、(Ⅵ)	Ⅴ	Ⅴ	Ⅳ、(Ⅴ)	Ⅳ位置変更	Ⅳ位置変更
30	西丸大手御門	Ⅳ	Ⅴ	Ⅴ	Ⅳ	Ⅴ	Ⅴ、(Ⅵ)	Ⅴ	Ⅴ	Ⅴ	Ⅴ	Ⅳ

図2　各御門の年代別残存度の推移（番号は図1に対応）
Ⅰ＝全消滅／Ⅱ＝石垣の一部が残存／Ⅲ＝石垣の全てが残存（建物なし）／Ⅳ＝建物も含めて枡形全てが残存／Ⅴ＝地図上で判断できず
（　　）内はその可能性もあることを示す／●＝初めから建物なし

つくられた外濠

桜——外濠の植物 Ⅰ

桜並木の下をゆっくりと歩く。シートを敷いて土手に陣取る。春の外濠は、花見をする人であふれている。今、この場所で皆が桜を楽しめるようになったのは、明治から昭和にかけて行われた植樹と、現在に至るまでの管理のおかげである。

外濠は元来城の防御設備であり、軍事施設として管理されていた。現在とは違い、人が土手を通行し、憩いの場とすることは考えにくい。

また、江戸や明治の記録と現在の植生から、はじめに形成された樹林は黒松が主体だったと考えられる。

しかし、外濠がまちのなかで果たす役割は変化した。特に明治以降、鉄道ができ、土手が解放されて、外濠は職場や学校への通り道、通行人が眺める場所となった。そのようななか、桜は、地域に関わる人の手で植えられていく。外濠の桜並木ができる過程は、人びとが外濠と親しくなっていく過程ととらえられるかもしれない。

明治期の外濠と桜

1899（明治32）年に出た『新撰東京名所図会』には、濠を挟んで向かい合う松と桜の木立を、弁慶橋から人々が眺める様子が描かれている。明治中ごろ、真田濠や外堀通りには桜があまりなかったと考えられるが、1896（明治29）年、地元の有志が四ツ谷駅前から濠端にかけて桜を植えた。四ツ谷駅前には、福羽美静（国学者・歌人）の和歌「たれもみな　このこころにて　ここかしこ にしきをそへて　さかえさせばや」を刻んだ植樹記念碑が立っている。

明治の人びとは、名所となった橋を渡りながら、ある

写真1　福田屋の植樹記念碑

写真2　ライオンズクラブの植樹記念碑

いは新しくできた駅からまちへ向かいながら、桜を眺めたのだろう。

昭和以降

昭和初期、外濠土手は公園として民間人に開放された。そのことも手伝って、徐々に、外濠の各所に桜が植えられていた。外堀通りや土手に並木ができ、外濠は現在の姿になった。

1959（昭和34）年、上智大学の学生が卒業記念に60本の桜を植えた。当時、土手にはクロマツがあり、現在のような桜並木はなかった。植樹とその後の管理には困難が伴ったというが、この時植えられた桜のうち、約20本が今も花を咲かせていると推定される。

1964（昭和39）年には、料亭「福田屋」が100本の桜を寄贈した。これらの樹は、おもに真田濠に植えられた。

外堀通りでは、社会奉仕団体「東京飯田橋ライオンズクラブ」が、結成10周年を記念して1976（昭和51）年から植樹を始めた。数年をかけて、200本以上の桜が植えられた。

卒業記念の植樹を発案した上智大学学生は、当時、桜並木の下で酒宴ができれば楽しいだろうと考えたそうである。桜は大きく成長し、開花時期の外濠は、酒瓶とご馳走を囲む学生たちや、絵筆をもつ人などで賑わう場所となった。

区の花さくら再生計画

千代田区は、平成15年度に「区の花さくら再生計画」を策定した。「千代田区にふさわしい、そして日本を代表するさくら景観を創造、持続する」ことが理念である。同計画には、千代田区内の他の桜とともに、外濠の桜も取り上げられた。

この計画に基づいて、毎年桜の生育状況などが調査され、問題点の発見と解決策の提示が行われる。この調査には、千代田区の住民や周辺の大学も参加してきた。昔、外濠のそばで生活する人びとが植えた桜は、今も地域で大切にされている。　（小松妙子）

写真3　四ツ谷駅近くの植樹記念碑

図1　春の真田濠（千代田区側）

つくられた外濠

植生——外濠の植物 II

外濠の土手は、サクラやクロマツ、クスノキなどの植栽された樹木と、エノキなどの自然に生えた樹木で形成された樹林である。また、法面(土手斜面)には野草が見られ、都心部に豊かな緑地を保っている。

弁慶濠

クスノキを中心とする常緑広葉樹林であり、落葉樹の多い他の濠とは異なる。特に大木や古木の多い場所でもある(古木については後に述べる)。

真田濠

外濠には、数多くの野草類が生育している。真田濠法面(千代田区側)では特にその傾向が強く、ツリガネニンジン、ワレモコウなどが確認できる。確認された野草は、山野や田園地帯では珍しくないが、現在の都心部では極めて少ない。真田濠でこれらの野草類が見られる理由としては、人の立ち入りが頻繁でないこと、適度な管理が行われてきたことなどが考えられる。

真田濠法面の樹林は、おもにクロマツとサクラで構成されている。密度はそれほど高くなく、良好な状態の樹林である。

四谷濠・市谷濠

四谷濠・市谷濠でも、草地は比較的自然度が高い。

樹林は、樹齢四十数年と見られるクロマツが主体である。樹木の密度が健全なクロマツ林に比べてやや高く、間伐の必要がある。

新見附濠・牛込濠

新見附濠・牛込濠法面は、エノキやサクラを中心とする落葉広葉樹林である。エノキ、ムクノキなどは自然に生えたもの、サクラは人の手によって植えられたものと考えられている。外濠のサクラはソメイヨシノが多いが、新見附濠・牛込濠にはヤマザクラもある。千代田区側の斜面の下方は特に急傾斜となっており、樹幹も大きく傾いている。これらは倒れる危険性があり、対策が必要と思われる。

古木

外濠の樹木の多くは明治時代に植えられたれたものだが、江戸時代から存在すると推測できる樹木も何本かある。旧井伊家中屋敷(現ホテルニューオータニ)のイヌマキとカヤは、1780年代には生育していたと推定され、千代田区指定文化財となっている。真田濠北側にある胸高直径94cmのクロマツは、江戸時代初期に植えられた可能性がある。また、1871(明治4)年に撮影された四谷門の写真では、城門上に樹木が見られる。これは、現在石垣の上にあるムクノキと同じものだと思われる。

(小松妙子)

写真1　真田濠のクロマツ

写真2　四谷門石垣上のムクノキ

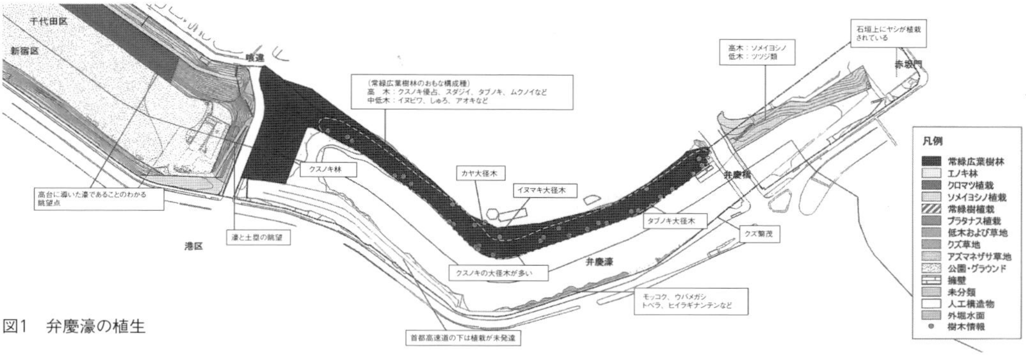

図1　弁慶濠の植生

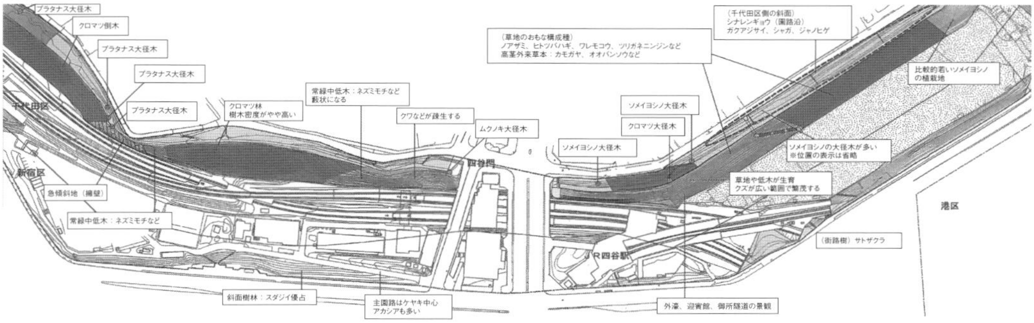

図2　真田濠から外濠公園にかけての植生

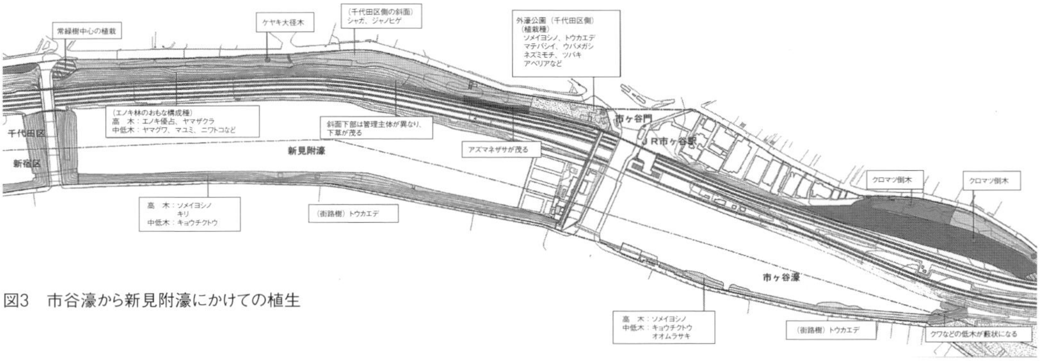

図3　市谷濠から新見附濠にかけての植生

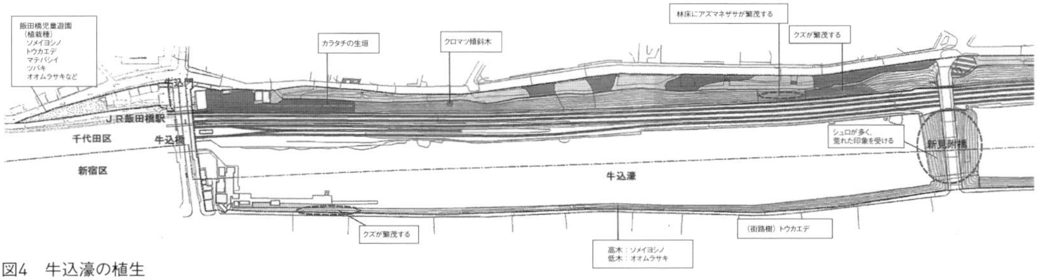

図4　牛込濠の植生

つくられた外濠

近代建築とその景観

外堀通りから眺めた土手の風景を、印象深く心に留めている人は多いのではないだろうか。水面と鉄道、土手の深緑と近代的な建物、このコントラストが織り成すダイナミックな都市景観はおそらく類を見ない。しかし、この景観の起源を辿れば実はそう遠い昔の話ではなく、とくに土手沿いに建築物が建ち並びはじめるのは明治以降のことである。

明治初期、外濠周辺の武家地は東京の他の地域もそうであったように、その広大な土地の一部が近代施設用地へと転換されていく。とくに軍事施設や学校の場合には、ある程度の大きさの土地が必要となるため、大名や大身の旗本屋敷の土地が優先的に利用されることとなる。実際に外濠周辺では尾張徳川家の上屋敷や、神田川沿いの水戸徳川家の上屋敷などがそれぞれ軍事施設用地として転換され、江戸の風情を留めていた外濠において新たなスケールの近代的な都市空間に建ちあがった。

しかし、江戸から明治にかけての変化で重要なのはむしろ内郭側の濠沿い、つまり土手の景観の変化であろう。富士見町3丁目の土手沿いの敷地は明治初年に陸軍によって取得され、その後陸軍軍医学校や陸軍経理学校などの一連の建物が建設される。この場所は江戸時代においては華やかさとは無縁の場であったが、明治後期ごろには見事な濠沿いの景観を誇っていた。

もともとこの一帯は番町であり、徳川入府直後に計画的に造成されたグリッド状の街区構造で、濠沿いの

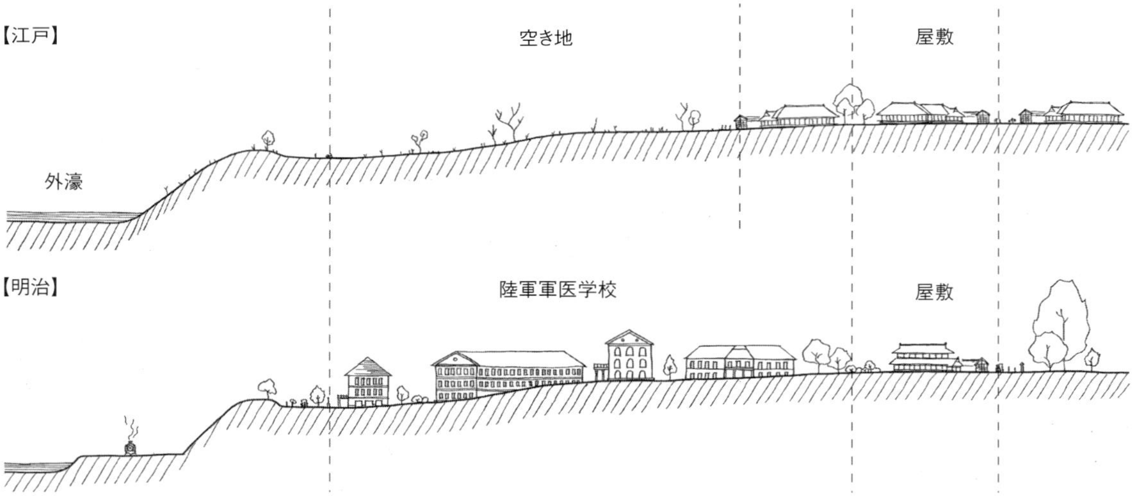

図1　富士見町3丁目の断面の変遷

写真1　富士見町3丁目の近代建築群（明治後期ごろ）

敷地は有機的な外濠のラインとの整合を図るため、不整形な敷地形状にならざるを得ない箇所であった。新見附橋はまだなく（明治中期ごろ架橋）、当時のメインストリートである三番町通りからも離れ、不便で物静かな、どちらかといえば都市空間における「裏」のような場であったと考えられる。これが明治以降、近代建築が建ち並ぶ「表」のような場へと変質するのである。

大きなきっかけとなったのは鉄道の開通だった。明治20年代から新宿→四谷→市谷→牛込→飯田町へと開通する甲武鉄道は土手に沿って通され、停車場が各見附に設けられることで、それまでの「裏」は事実上の駅前として機能していく。飯田橋駅が靖国神社など番町の諸施設へ向かう際の最寄り駅となったことも見逃せない事実である。

鉄道開通で大きく変化した富士見町のように、その後土手沿いには多様な近代建築が建ち並び水辺の景観を彩っていった。飯田橋駅前の逓信博物館（1902）、富士見町の逓信病院（山田守設計、1936）、同じく富士見町の法政大学（山下啓次郎設計、1921）、四谷の雙葉学園（ヤン・レツル設計、1909）などこれらの建築は、各時代、各エリアでの水辺の景観の主役を担っていく。

このように、外濠の景観はこれらの建築を媒体として近代において解放され、鉄道、植栽を織り交ぜながら現代まで培われていくのである。　　　　（高道昌志）

図2　戦前の近代建築分布図

図3　飯田橋の逓信博物館

図4　富士見町の逓信病院

図5　富士見町の法政大学

図6　四谷の雙葉学園

つくられた外濠

堀留の開削

「の」の字をかたちづくっていた外濠の起点ともいえる飯田町の掘留が開削されるのは、明治時代に入ってからのことである。それは、日本における近代都市計画の先駆けである市区改正によって実施された【図1】。これにより、神田川に架かる三崎橋付近で神田川から分岐する今日の日本橋川がかたちづくられることとなった。

1888(明治21)年11月1日に開催された市区改正委員会の議事録をひもとけば、掘留の開削の目的は、水路による牛込小石川方面への貨物輸送を充実させることにあったのがわかる。同時に、当該地は駿河台の西側に位置する谷地であり、駿河台からの汚水を滞りなく流すことも視野に収めた計画でもあった。これは、江戸城の防御施設であった外濠を河川化することを意味する。もちろん、この案に対して、埋め立てて道路にした方が陸上交通の発展につながるとの意見も出されたが、賛同者はことのほか少なかった。このことは、鉄道をはじめとして文明開化が志向されていたこの時期に、依然として水上交通が重要視されていたことを物

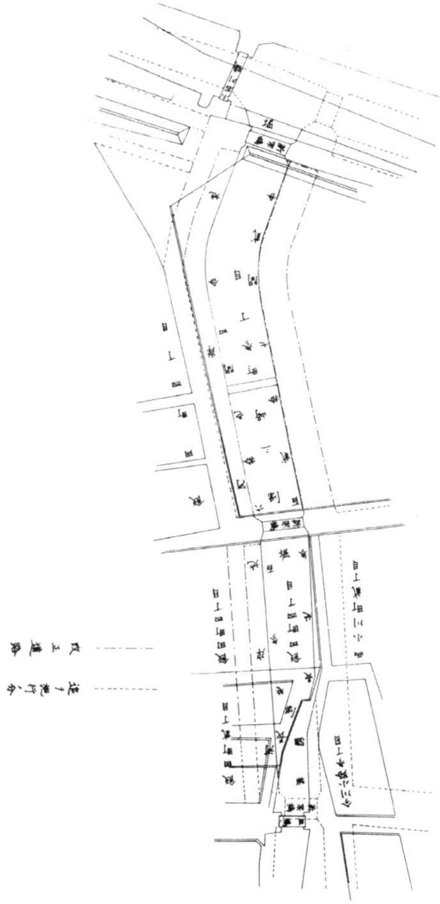

図1　飯田町堀留の開削計画図

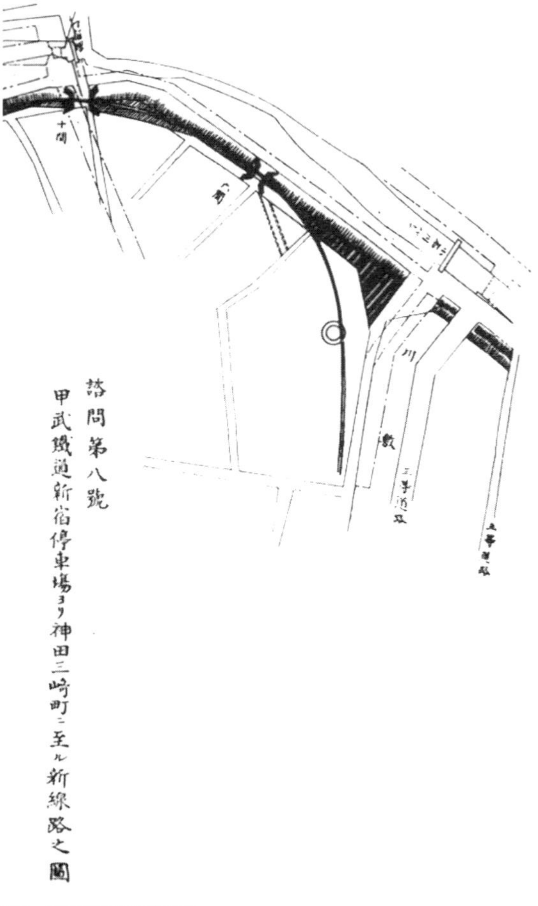

図2　甲武鉄道の線路計画

語っている。

とはいえ、この開削計画には、1889（明治22）年に新宿から八王子間の鉄道を開通させた甲武鉄道も深く関与することになる。なぜなら、甲武鉄道は「市区の中央から遠隔し乗客貨物の運輸上不便」であった新宿から、さらに市街に乗り入れるべく、神田三崎町までの延伸を模索することになったからである。1892（明治25）年、市区改正委員会に提出された甲武鉄道の延伸計画には、新たに開削される河川に沿って線路が敷設され、そこには終着駅である飯田町の停車場が計画されている【図2】。つまり、堀留だった外濠が新たに開削され、神田川と接続することによって、飯田町停車場は、鉄道と水上交通が集約する一大ターミナルと化す計画だったのである【図3】。

さて、堀留の開削が施行に向けて本格的に動き出していくのは、1900（明治33）年5月7日の市区改正委員会で、東京市から図面と費用概算書が提出された後のことである。費用概算書によれば、工期は3年間で、総工費が23万円余りであった。その総工費のうち、甲武鉄道からの寄附は5万円にものぼる。甲武鉄道にとって、終着駅となる飯田町に河川が新削されることが、いかに重要であったのかがうかがえる。また、添付された図面を見ると、新削される河川の幅は15間であり、河川の西側、つまり飯田町停車場の側だけに河岸地が計画されている。この開削計画が実現したことで、今日の日本橋川がかたちづくられ、日本橋から外濠をつたって牛込小石川へと、水上交通による移動が可能となったのである【写真1】。

（恩田重直）

図3　飯田町駅

写真1　開削された日本橋川との分岐点。飯田町停車場は右岸にあった

つくられた外濠

甲武鉄道市街線の誕生——外濠が取り込んだもの Ⅰ

私鉄である甲武鉄道会社は新宿—八王子間を1889（明治22）年8月に開通させ、新宿から都心へと自社路線で乗り入れる計画を立てた。当初は新宿から現在の靖国通りに沿って市谷へ出て、外濠に入る計画もあったが、現在の青山練兵場を通り、四谷に入る新宿—飯田町間のコースが、1893（明治26）年に鉄道会議で認められた。

鉄道敷設は外濠の土手、濠水面と土橋の間の高低差を活かし、牛込—御茶ノ水間は土手の上を通すことで、道路との立体交差を図り、都心へと乗り入れた。また、駅舎本屋は見附という結節空間につなげることで利便性が図られた[写真1]。飯田町—新宿間の用地は51,500余坪であった。このうち会社所有の登記を受けたものは、18,700余坪で、全体の35.6%であり、およそ3分2近くが官有地からの無料借用であった。千駄ヶ谷では青山練兵場と連携し、飯田町では、砲兵工廠の用地を使うことで、土地取得のための経費と時間の削減が図られた。

乗り入れにあたっては、陸軍省からの条件として「四谷停車場は濠の中央に当たるを以て、要塞地の障碍力を減殺す、成るへく濠幅を減せさる設計をなすへき事。四谷見附と市ヶ谷見附の中間に線路の凸出するは濠幅を減するを以て、線路を移変し、隧道を設へき事」が付けられ、市区改正委員会よりの条件として「堤上の樹木は成るへく伐採せさる事」が追加されている[写真2]。

写真1　牛込停車場入口、外濠土手を切り開いてつくられた駅本屋はデザインにも気を配っている。1894（明治27）年に開業し、1928（昭和3）年11月に飯田橋駅開業にともない廃止となったが、元の土手には復元されなかった

四谷では濠のなかに斜めに鉄道を通すことになったが、濠内は濠が造られてから浚渫を行っていなかったため、ヘドロが深い所は三間余に達していて、埋め立てに大量の土砂を必要とした。濠は線路により分断され北と南に分かれることとなった。

甲武鉄道建設に伴い外濠には四つの隧道が造られ

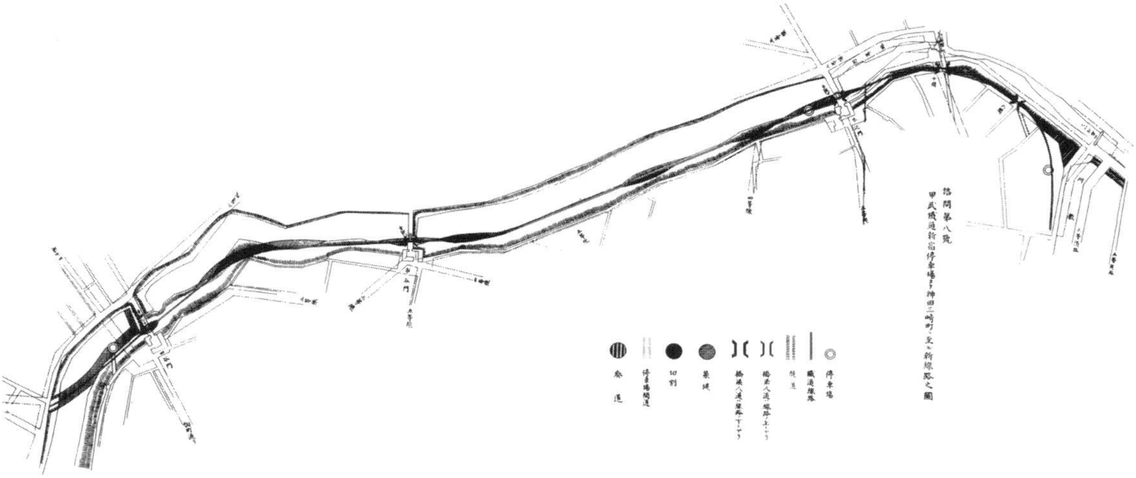

図1　1892（明治25）年10月、市区改正委員会に提出された計画図

写真2　甲武鉄道建設に際して濠を狭めず、法面の掘削を最小限にするため三番町隧道がつくられた。土手法面は手入れが良くなされているのが分かる。線路の両脇には桜の木が新たに植えられている

た。新見附橋の下には四番町隧道つくられ、陸軍省や内務省から注文のついた濠へ凸出する部分では三番町隧道がつくられ、「通済門」、「既済門」と銘記され、鉄道を讃する対聯が飾られて、あたかも都市への門のような造りとなっている[図2]。四谷見附の下に作られた隧道は、この上に四谷から麹町方面にいたる玉川上水の幹線たる大木樋があり、細心の注意で施工された。ここは、カブトトンネルと通称されたように、煉瓦の壁面には兜のレリーフが飾られていた[図3]。また、赤坂離宮の下を通る御所隧道は開削にて施工され、煉瓦と切石で化粧された姿は、現在も都心最古の鉄道トンネルとして見ることができる。

1895(明治28)年12月には新宿—飯田町間が複線化され市街線として完成した。1904(明治37)年12月には飯田町—御茶ノ水間の開通にいたった。そして、1906(明治39)年10月、鉄道国有法の公布に伴い、甲武鉄道は国有化され中央本線の一部となっていった。

(小藤田正夫)

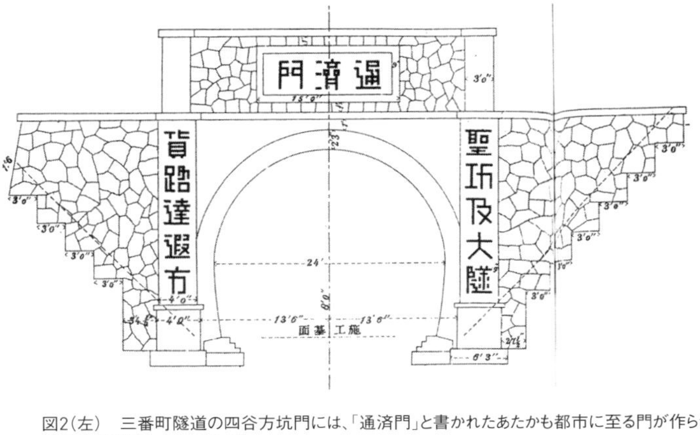

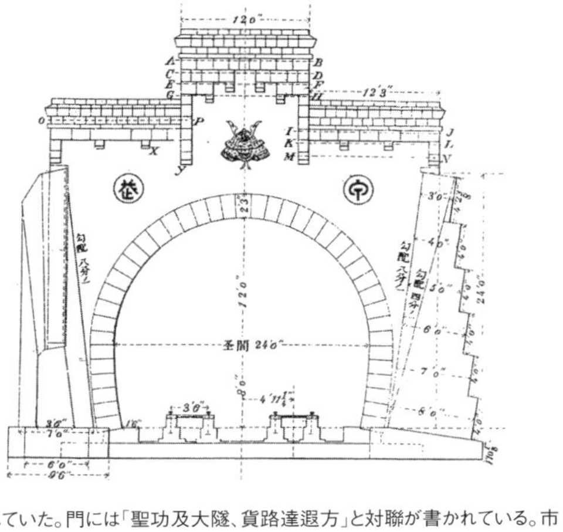

図2(左)　三番町隧道の四谷方坑門には、「通済門」と書かれたあたかも都市に至る門が作られていた。門には「聖功及大隧、貨路達遐方」と対聯が書かれている。市谷方は「既済門」となっている
図3(右)　四ッ谷隧道は四谷見附の下に位置し、約26mの長さだった。甲武鉄道の名前から青銅製の兜のレリーフが付けられている。制作は東京美術学校で、鉄道博物館に現存する

中央線の変遷——外濠が取り込んだもの II

1919（大正8）年3月1日、万世橋駅から東京駅まで国鉄中央本線は延伸し、沿線住宅地から都心への通勤は格段に便利となった。しかしながら、乗降客の増加にともない、飯田町を始発とする列車運転と電車が競合する状況で、中央本線の輸送力の確保が求められていた。そして、1919年度には、飯田町—中野間の列車と電車を分離するための用地買収が着手され、1922（大正11）年6月には信濃町—代々木間で工事が始まる。関東大震災をはさみ、1929（昭和4）年3月16日には、飯田町—新宿間で複々線運転となった。この工事により、牛込駅は廃止され、新たに飯田橋駅が1928（昭和3）年11月15日に開設されている。

これにともなって甲武鉄道時代の御所隧道は単線で使い、北側に新たに3線分のトンネルが増設された【写真1】。1926（大正15）年12月に着工し、1927（昭和2）年6月に完成している。このとき、カブトトンネルは撤去され、新四谷見附橋（四谷見附の土橋の位置にあるこの橋が四谷見附橋と呼ばれるはずであるが、1913（大正2）年に新しく西側に四谷見附橋ができていたため、この名称となった）が架けられた。都市の門としてつくられた四番町隧道や新見附下のトンネルも一連の工事で撤去され、土手も切り崩された。現在、四谷から牛込にかけて土手に大きくコンクリートの擁壁がいくつも見られるのは、このときの工事によるものである。濠は

写真1　御所隧道の北側に施工中の新御所隧道坑道、既存線路の北側の濠はすでに埋立られているのがわかる

写真2　複々線化のため、濠側に擁壁を建てて線路敷を確保した。写真は市ヶ谷駅付近での工事写真

写真3　1926(大正15)年7月ごろの、東京市による市谷濠埋立の状況。すでに三番町隧道は撤去されている。濠側の桜もすでに伐採されている

大きく埋められなかったものの、コンクリート擁壁で区切られた【写真2】。甲武鉄道時代、外濠の風致を守るためとして線路の両脇に桜の樹が数百株植えられ、あたかもトンネルのようになっていたが、すべて伐採されてしまった。

鉄道工事は多量の砂利を必要とする。多摩川・下河原の砂利採取場から飯田町駅へと運ばれたが、新四谷見附橋の東側(現在の土木学会周辺)も埋め立てられ、鉄道省専用の砂利置場が新たにつくられた。そして、東京市も道路舗装等の復興事業に多量の砂利を必要としていため、1926(大正15)年に鉄道省用地の先(現在の野球場周辺)の濠を震災の灰燼を使い埋め立て、砂利線を延長して材料置場として使用を始めた【写真3】。

1931(昭和6)年から中央線に急行電車(現在の快速電車)を運転するため、飯田町までの列車線を御茶ノ水まで延長する複々線工事が行われ、1933(昭和8)年9月15日から東京—中野間に急行電車が走ることとなった。これにともない、総武線が電車線を使い中野まで各駅停車で乗り入れることとなり、飯田町駅始発の旅客列車や貨物列車は、同年7月14日より新宿駅始発となった。飯田町駅は客車の回送や小運転貨物列車が主体となり、旅客ホームも撤去された。さらに四ッ谷駅には通過駅利用客のため急行電車用ホームが増設され、現在のような外濠史跡内を走る鉄道となったのである。

(小藤田正夫)

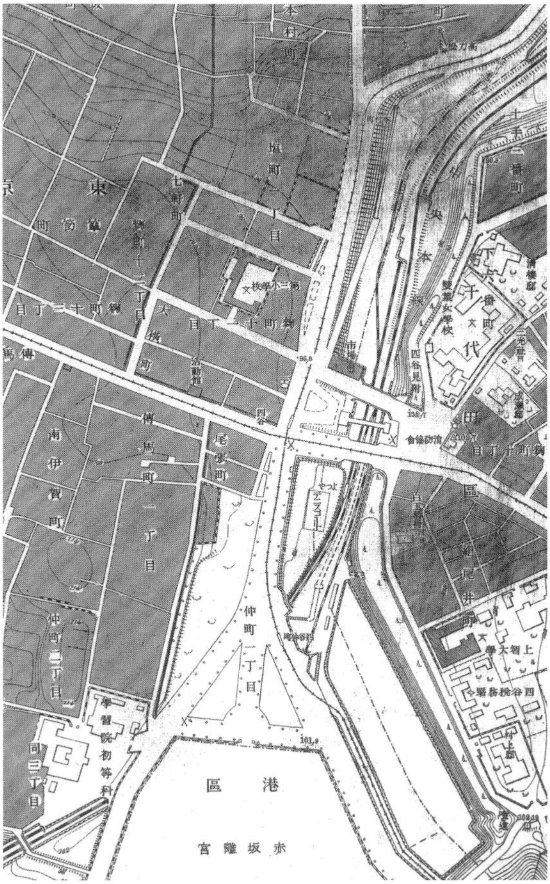

図1　1930(昭和5)年11月に測図され、1947(昭和22)年に補正されているが、外濠内の列車線から分岐する砂利線は補正されないまま記載されている。砂利線南側の鉄道省用地は現在の外濠公園通路を使い、北側の東京市の資材置場は外堀通りから直接出入り口があるのが分かる

つくられた外濠

土手公園と弁慶濠埋め立て計画——未完の都市公園 I

1911（明治44）年7月、市区改正委員会にて牛込見附から喰違門にいたる土手、面積およそ15,000坪が土手公園として市区改正設計中の公園として追加された。土手には享保年間に植えられた松等の老木があり、これを保護しながら、園路の整備が期待された。

1920（大正9）年5月、このエリアから外れる弁慶濠の水面、およそ7,650坪を埋め立て、住宅地にする計画が東京府より出され、新聞紙上で反対意見が相次いだ。それは、名所「弁慶橋」が失われるという理由からであった。

弁慶橋は1889（明治22）年に新たに濠に架けられた木橋で、擬宝珠には筋違橋や浅草橋等のものが使われ、あたかも江戸の木橋の記念碑のような橋であったが、その後1911（明治44）年に架け替えられた。弁慶橋

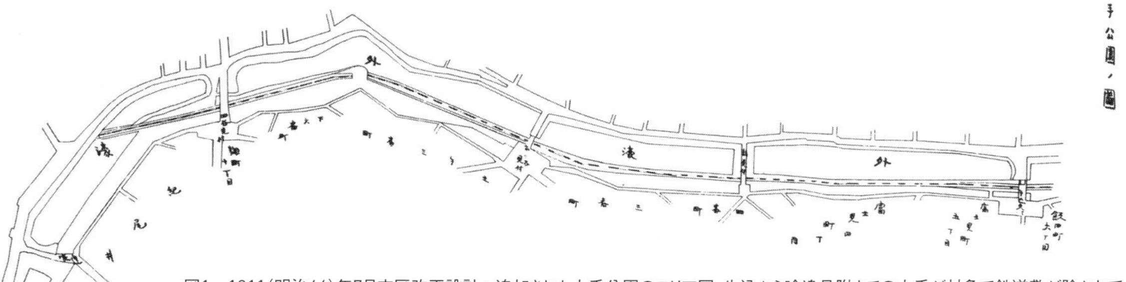

図1　1911（明治44）年7月市区改正設計へ追加された土手公園のエリア図、牛込から喰違見附までの土手が対象で鉄道敷が除かれている。三番町隧道の上も指定されている

写真1　1868（明治元）年、F・ベアトによる赤坂見附から見た弁慶濠。右側の柵は旧井伊掃部頭中屋敷との敷地境を示す。柵の下に清水谷からの沢の水が暗渠で流れ出ていた。この柵の手前に弁慶橋が架けられた

写真2　赤坂見附の坂の両脇の小土手の上には、明治14年ごろに桜が植えられ大きく育っている。弁慶橋が架けられると清水谷から弁慶濠沿いに赤坂見附へ抜けていた道は廃止された

は清水谷の沢筋からの延長に架けられたため、濠の水面に最も近い橋となっていた。「橋上にて四方を見渡せば西に紀の国坂の峻阪車馬行人絡駅たるを望み、東には北白川、閑院両宮の高閣屹立し、塘堤の老松亭々として雲際に聳え、南は……星ヶ岡公園を見晴し、殊更花時赤坂門外並に清水谷の桜花爛漫たるの頃、此橋上を過れば宛然図画中に入るの観ありて、光景はむかたなし」『新選東京名所図会　麹町区之部下巻一』(東陽堂、1899)。

東京の名所となっていた弁慶橋を撤去することに対し、東京史蹟名勝天然記念物保存会や赤坂地域、東京市会から反対意見が相次いだ。さらに東京帝大の20人の教授は連名で、「……外濠一帯の地と水とは市の公園として首都の美観や衛生の上から生活に大切の地域である。されば外濠全体に適当の設備を施して一層公園的にするこそ真の都市計画である。……」と声明を出し、同年6月7日東京市会は府知事宛に「……弁慶橋付近の如きは四時を通じて其眺望の佳良ある誠に好個の遊園地に付き、将来本市に於て之を公園とする計画区域に有之候、依って該区域は之を現状の侭存置相成度旨、本日の市会に於て議決候條」という府知事宛の答申書を提出することを議決した。また、内務省から大臣に稟議しても許可しないという通牒が東京府にきて、計画は中止となった。その後、東京市は公園にする計画を、「渕から四間埋立てて散歩道路にし、芝生を植え、……ベンチ等を設け」た(7月1日、読売新聞)。東京市は土手ではなく濠そのものをあたかも日本庭園のような遊覧地の公園とすることを考えていた。

1920(大正9)年12月、後藤新平が東京市長となる。翌21年9月に弁慶濠公園計画を発展させ、牛込見附から赤坂見附に至る土手と濠の全体を含む「外濠公園」にしたい旨が、東京市長から内務大臣宛に申請されるが、計画は中央線の複々線化工事、関東大震災の復興事業により実施が遅れた。　(小藤田正夫)

図2　弁慶橋から赤坂見附を見た図、右に閑宮邸、左に北白川宮邸が見える。外濠土手には江戸以来の松の老木が茂っている。弁慶濠は外濠のなかで、道路面と水面がもっとも近い。橋の上からは地形の変化がよく分かる場所である

外濠公園の変遷——未完の都市公園 II

「赤坂見附の弁慶橋から四谷見附を経て牛込見附に致る外濠を改修して一大水の公園とする計画は、兼てからの市公園課の計画であったが、震災の為め一頓挫してゐた、……牛込見附から市ヶ谷見附に致る間はボートを浮べ周辺を児童遊園地とし、砂道を造り、四谷見附周辺には噴水を設け、堀を浚へ小島を配し、橋を架し、理想的水上公園としての施設をなす筈であるが、江戸城外郭の歴史的風景を害さない様にする」（東京朝日新聞、1924年10月31日）。

濠そのものを公園とする計画に東京市は本気だった。特別史跡として濠の復原が優先される現在の考えからすると驚くような計画であるが、同様なことは日比谷公園内の心字池で行われている。

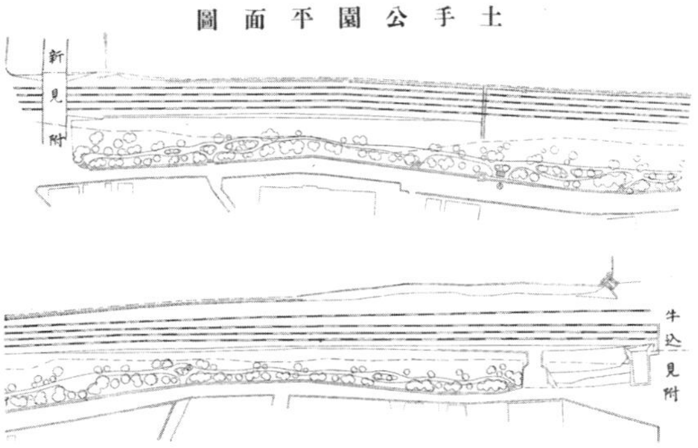

図2　1927（昭和2）年8月、牛込見附—新見附間が「土手公園」として開設された。その完成平面図

「……市公園課では愈々濠を後廻しとし、先づ土手の公園から着手する計画を建て、其第一着手として牛込見附から市ヶ谷見附間の土手から手をつける予算を編成中である、此土手の公園は堤下に鉄道線路があるため危険防止を充分にするため、或部分は陸橋式に鉄道線路を覆ふて、土堤が自然に延長した如くにして、濠の中心に連絡させ、堤上の桜樹間には純日本式の雪洞を立てゝ、風趣を添へところどころに四阿（あずまや）を設けて、散策する人々の休憩所に当てる、又土手の中腹には藤棚やベンチを設けたり或は躑躅や梅、紅葉の植ゑ込みを作る計画である、右について市の公園課では予算の関係から外濠公園を一気に完成することは出来ぬので、先づ牛込見附から市ヶ谷見附に至を土手から着手する計画を建てた、勿論将来は濠も浚渫して清水を湛へるようにし、散策道路が縦横に施され、新見付や市ヶ谷見附には大瀧を設けたり、又濠にはボートを浮べて市民が愉快に遊べる様にしたいと考へてゐる、といふ」（都新聞、1925年8月26日）。

1927（昭和2）年8月31日、牛込見附—新見附間までの土手が公園として開設された。ここを優先させるには、理由があった。1921（大正10）年4月に法政大学が

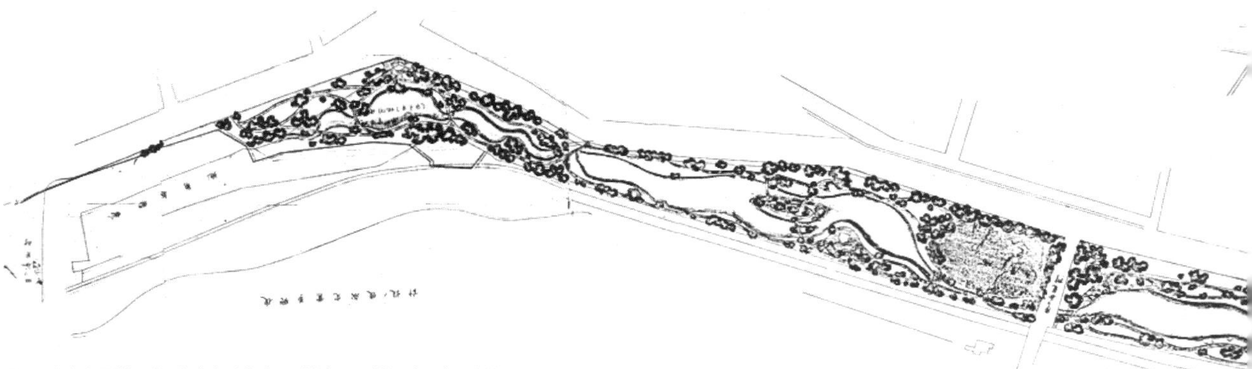

図1　東京大震災の後、東京市が作成した外濠公園（濠の部分）の全体計画図。
牛込濠から弁慶濠までを回遊式庭園にするような計画である。牛込濠にはボート場、児童遊園がある。
四谷の埋立地は原型復旧で水上公園にする計画となっている

現在の位置に移転してきて、「震災後、学生が急増すると、彼らは憩いの場を土手の芝生に求めた。しかし、相変らず高札（この土手に登るべからず警視庁）が建っていて、道路と土手の境には、鉄柵がいかめしく張り巡らされていた。法政ボーイはその鉄柵を越えて土手に上がる。すると三輪田高女の前にあった交番から巡査が駆けつけてこれを制止する。……大学でも捨てておけなくなった。そこで校友の東京市会議員の応援を得て、東京市に対し土手解放の猛運動を起こした」（『法政大学の100年』法政大学百年史編集委員会、1980年）。

開園にあたり法政大学から大学前の土手にベンチが寄付されたという。外濠公園は、震災復興で新たにまとまった公園用地が確保できない状況にあって、山の手地域では目玉のような計画となった。　（小藤田正夫）

写真1　「この土手に登るべからず・警視庁」と書かれた看板

写真2　完成後の法政大学前の土手公園

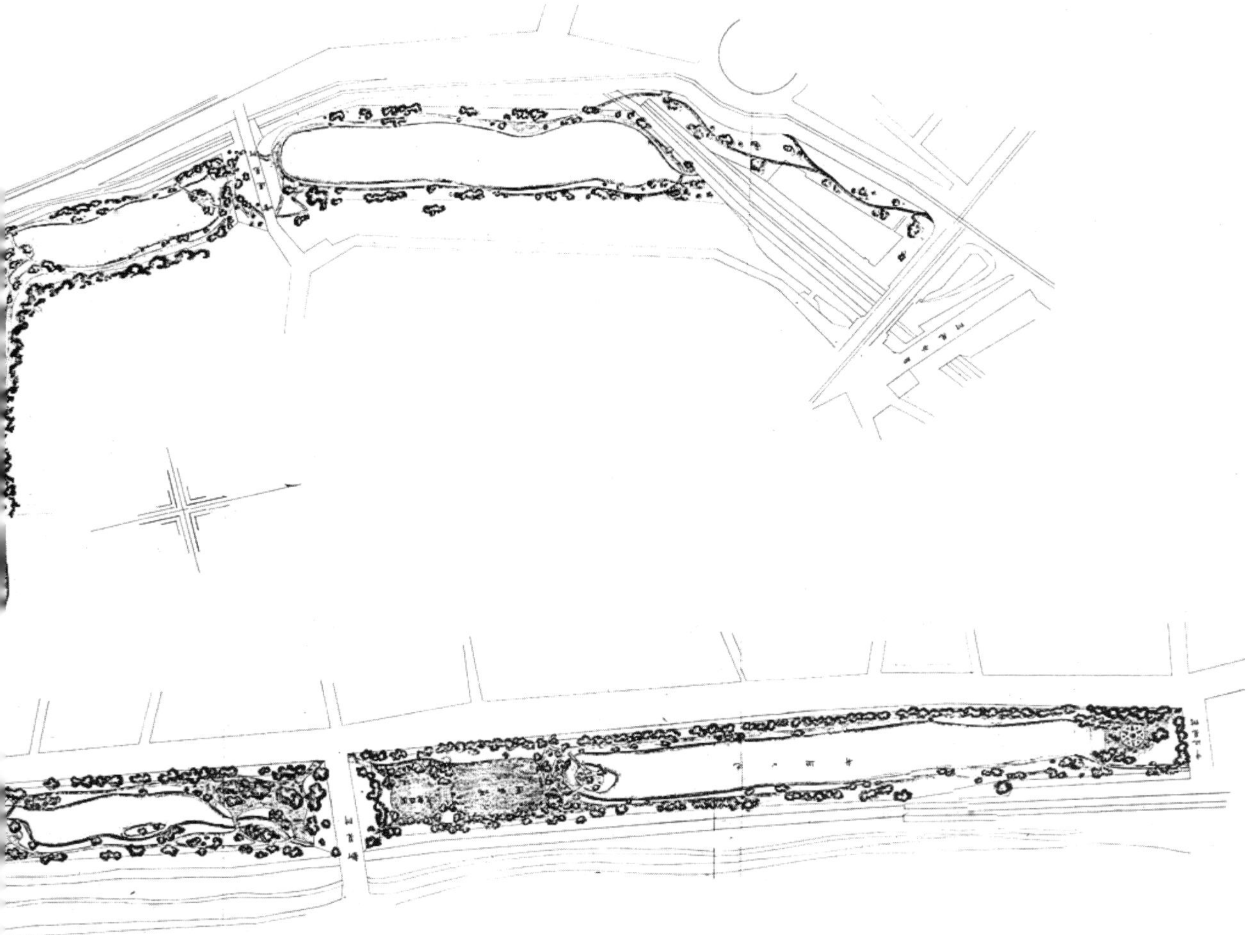

つくられた外濠

都市計画としての外濠公園——未完の都市公園 Ⅲ

1932（昭和7）年12月21日、都市計画東京地方委員会に皇居周辺の美観地区指定の案件と一緒に「東京市区改正設計土手公園変更の件」が審議に付された。理由は「外濠は江戸城外郭の遺跡にして帝都においてまれに見る風致を有するものなるを以て、先年その堤塘の一部を市区改正設計土手公園として決定し、東京市においてはこれを公園施設を行い、風致の維持に努めつつあるも、由緒ある外濠の風致を維持保前せんが為には、更に水面と堤塘の一部を公園として決定するを適当と認められるを以て、本案のごとく土手公園の区域を変更し、名称を改めんとす」で、面積は5.4倍の約73,000余坪となった。

写真1　新見附側公園入口に現在も残る建設当時の標柱

この時期に付議したのは、理由があった。中央線複々線化工事のために埋め立てた鉄道省用地の東側に東京市は、現状に回復するという条件で、1926（大正15）年におよそ3,800坪を震災の残灰等を使い埋立てた。復興事業、とくに道路舗装に砂利が大量に必要だったのである。期限は1932（昭和7）年12月末日までの契約だった。土手公園は1933（昭和8）年3月23日内務省告

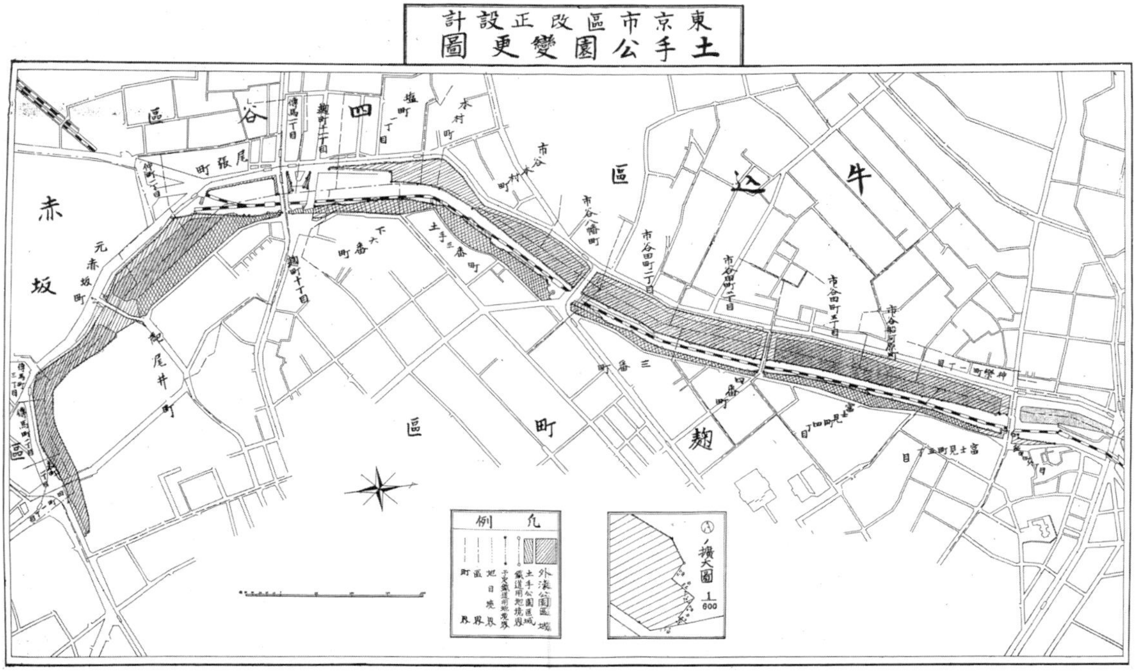

図1　1933（昭和8）年3月告示された「外濠公園」のエリア図、鉄道敷を除き水面も一体で指定されていた

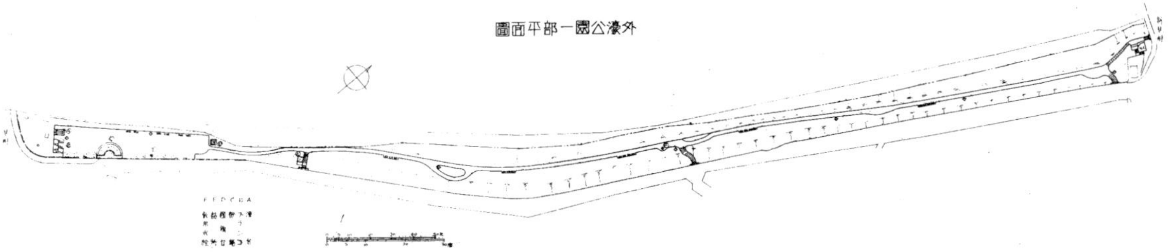

図2　1936（昭和11）年4月に開園した新見附・市ヶ谷見附間の外濠公園

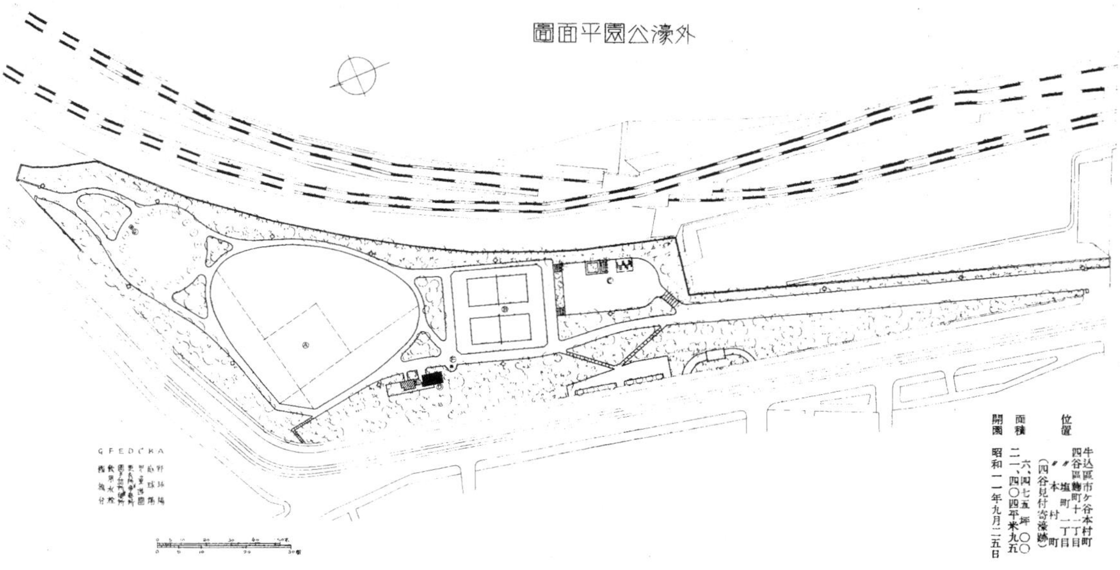

図3　1937（昭和12）年9月、濠内に唯一開設された都市公園としての平面図

示で「外濠公園」と改称され、東京市の計画は正式に都市計画公園として位置づけられた[図1]。

1935（昭和10）年8月より四谷見附東側の東京市の砂利置場で公園化に向けて工事が始まる。計画は当初予定していた原型復旧し水上公園とする計画ではなく、埋立地を活かし少年野球場等をつくる計画に変更となった。

1936（昭和11）年4月、新見附から市谷見附にいたる土手が「東京市立外濠公園」と開設された[写真1]。当時の新聞では、帝都最長のハイキング・コースと紹介され、赤坂見附まで延長4kmにわたる散策路として、東京市は外濠全体の計画を捨ててはいなかった。

一方、同月より文部省の手で史跡指定のための地籍調査が開始される。それは、東京市により「川濠整理計画」が立てられ、東側の外濠である呉服橋から土橋までの外濠全部と汐留川、京橋川の一部を埋立て宅地化する計画があり、都市美協会等で議論となっていたことによる。

その後、川濠整理計画は中止となるが、東京市砂利置場跡の工事は続き、1936（昭和11）年9月に外濠公園の一部として、少年野球場、テニスコート、児童遊園をセットした公園が開設された。その後、1937（昭和12）年には日中戦争が激化し、外濠は公園として追加整備は行われなかった。水の公園を造るには、水質浄化のため濠の浚渫が不可欠であり、多大の経費が必要であった。

（小藤田正夫）

外濠公園から都市計画緑地へ——未完の都市公園 Ⅳ

写真1　1950(昭和25)年ごろ、戦災の塵芥埋立でかさ上げ進む外濠公園

戦後の1947、48(昭和22、23)年ごろになると、都心に残った戦災の灰燼を処理せざるをえなくなり、その処理に東京都は都心の濠を使った。江戸城東側の外濠、呉服橋から鍛冶橋までが埋め立てられ宅地となった。西の外濠では、山手の灰燼処理のために1949(昭和24)年4月より、真田濠の戦災の残灰による水面から2m程度地盛を行う埋立てが始まった。上智大学は3,000万円になる埋立ての工事費を支出した。1950(昭和25)年4月には上智大学の運動場ができた。賃貸借契約書には、上智大が契約解除しないかぎり永続的に契約が続くものとなっている。また、四谷の野球場が国鉄用地より一段低くなっていたことから、1950年、戦前つくられた野球場の上にかさ上げが行われた。

そして、1951(昭和26)年風致地区が「市ヶ谷風致地区」と「弁慶橋風致地区」に分けて指定される。都市公園指定における「由緒ある外濠の風致の維持」から都市近郊での風致地区と同様扱となってしまった。1956(昭和31)年3月に外濠は特別史跡として指定される。戦前1933(昭和11)年4月に史蹟指定に向けて調査されてから20年以上も経過していた。指定範囲は1933(昭和8)年の都市公園指定にあたり整理した鉄道施設もすべて含むものとなった。

さらに、1957(昭和32)年12月に都市計画の変更が行われた。外濠公園は弁慶濠(紀尾井町公園)を除いて、「都市公園」から「緑地」に変更となってしまう。理由は「東京都区部における公園緑地計画は昭和25年再検

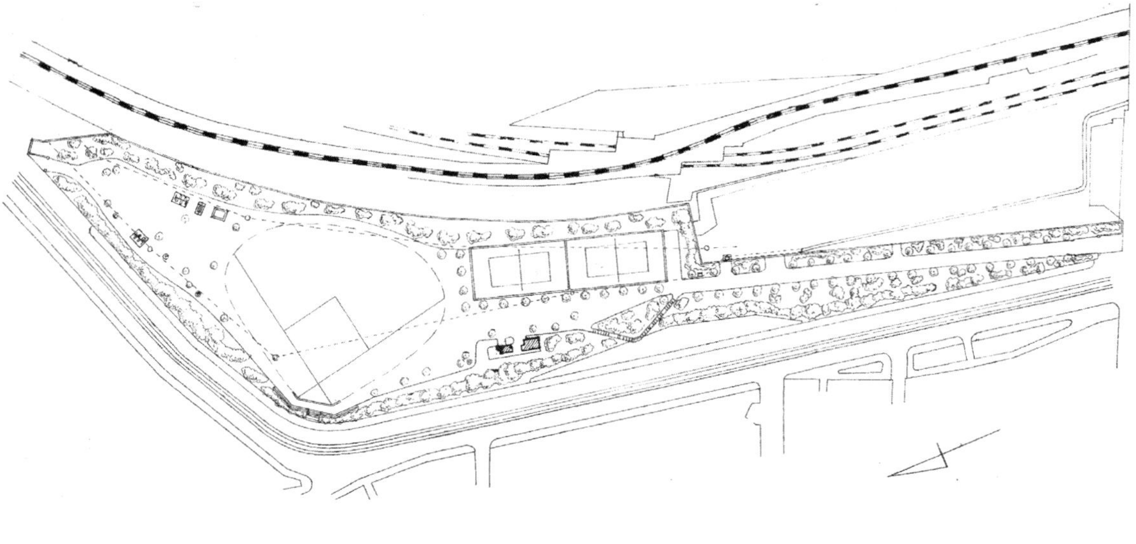

図1　1962(昭和37)年、東京都から千代田区へ区長委任による管理公園となったころの外濠公園、戦前とテニスコートの位置などが少し違う。区長委任後、大規模な改修が行われ、現在のような形態となった。2000(平成12)年区立公園となるにあたり、さらに改修が行われ、児童遊園が拡張充実された

討を行ったが、その後恒久建築物の建設のため事業化が著しく困難となり、実現には相当長期間を要する実情で、その建築制限を行うことは、適切を欠くので、ここに都市計画公園、緑地の全面改定を行い、もって都市公園の早期完成を図ろうというものである」となっている。

東京市時代の外濠全体を公園にする発想はここで消えてしまう。かろうじて都市公園として開設されていた牛込見附―市ヶ谷見附間と四谷のグランドは行政界を越えて、2000（平成12）年4月、千代田区立外濠公園として開設されたが、その他の場所は、都市公園法、河川法、道路法のような管理法を持たない場所（国土交通省所管法定外公共物）となっている。由緒ある外濠の風致を維持するには、日々育つ樹木管理の方針をもたねばならないのだが、戦後外濠にかかる風致地区、緑地は自然の趣向を維持する場所となり、保全活用のストーリーを持たない場所になってしまった。

牛込濠の東側、神田川の船溜となっていた飯田濠は、1984（昭和59）年再開発により宅地化され、高層ビルと外濠からの排水路としての暗渠となってしまったのである。

（小藤田正夫）

写真2　真田濠の1950（昭和25）年に埋め立てられた前後の比較写真。左側の都電敷は1964（昭和39）年の東京オリンピック時に高速道路が弁慶濠沿いにでき、喰違見附で重なったため、都電敷は外堀通りに変更された。路面電車の坂道は桜が植えられ現存する

コラム

水辺の行楽地、市谷八幡

市谷八幡は江戸名所図会にも描かれた由緒ある神社である。それにもかかわらず、いまその存在を明確に意識する人はそれほど多くはない。確かに外濠の雑踏とビルの谷間に埋もれ、目立たなくはなってしまっているが、一歩足を踏み入れさえすれば鎮守の森の静寂が私たちを迎えてくれる。都心の喧騒を寄せ付けないここは、知る人ぞ知る東京の名所なのである。

太田道灌によって建立された市谷八幡が、現在の地に移されたのは外濠の完成とほぼ同時期の寛永年間であるが、外濠とともに市谷で400年近くの歴史を刻んできたこの地が江戸時代まで牛込地区随一の賑いの場所だった。

かつての外堀通りには紅葉川という小さな川が流れ、それを挟むように茶屋が並んでいた。通りには活気が溢れ、縦横無尽に人が行き交い、賑わいが絶えなかったという。緑へ吸い込まれるように鳥居をくぐれば、男坂の急階段が眼前に迫ってくる。これを登りきれば先には社の大屋根、振り向けば外濠と対岸にそびえる土手の織り成す雄大なパノラマ、その先には江戸城が見えていたのかもしれない。となりの空地では芝居が興行され、崖沿いには眺望を取り込んだ粋な茶屋が並んだ。

市谷八幡は水辺に成立した風光明媚な行楽の地だったのである。400年もの時間とかつての賑わいに思いを馳せれば、郷愁の念を抱かずにいられない。

（高道昌志）

写真1　現在の市谷八幡参道

写真2　市谷八幡の本殿

写真3　境内からの眺め

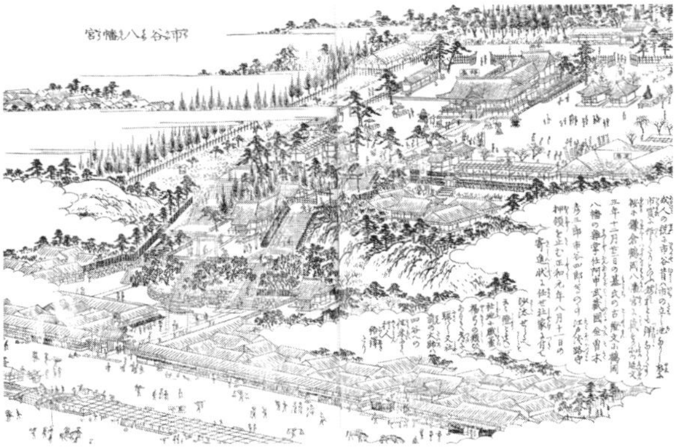

図1　市谷八幡は風光明媚な水辺の行楽地であった

市谷八幡

写真は、明治初年ごろに市谷見附から対岸（新宿区側）を写したもので、右上の森のなかに見えている大屋根が市谷八幡である。周囲に高い建物などはなく、展望がきく高台の施設であったことが窺える。

大屋根の手前に見えているのが茶屋で、その下に並んだ二階建ての建物が外堀通り沿いの町屋、さらにその手前に並んでいるのが紅葉川沿いの茶屋である。

もちろん、いまこの場所に立ってもこのような景色を見ることはできないが、濠の形や地形に目を凝らしてその輪郭を追っていけば、今でも水辺の行楽地である「市谷八幡」の姿が鮮明に浮かび上がる。

（高道昌志）

外濠のまわり

堀割をとりまく大名屋敷

江戸の大名屋敷

内濠と大名屋敷の配置

18世紀中ごろに作成された「大判江戸図」を見ると、中央に三つ葉葵の御紋が一際大きく印されている。領国を支配する大名は一般に三百藩と総称される。そのまさに頂点に徳川将軍家が君臨する構図を示し、まるで双六の上がりが江戸城であるかのように描かれた。

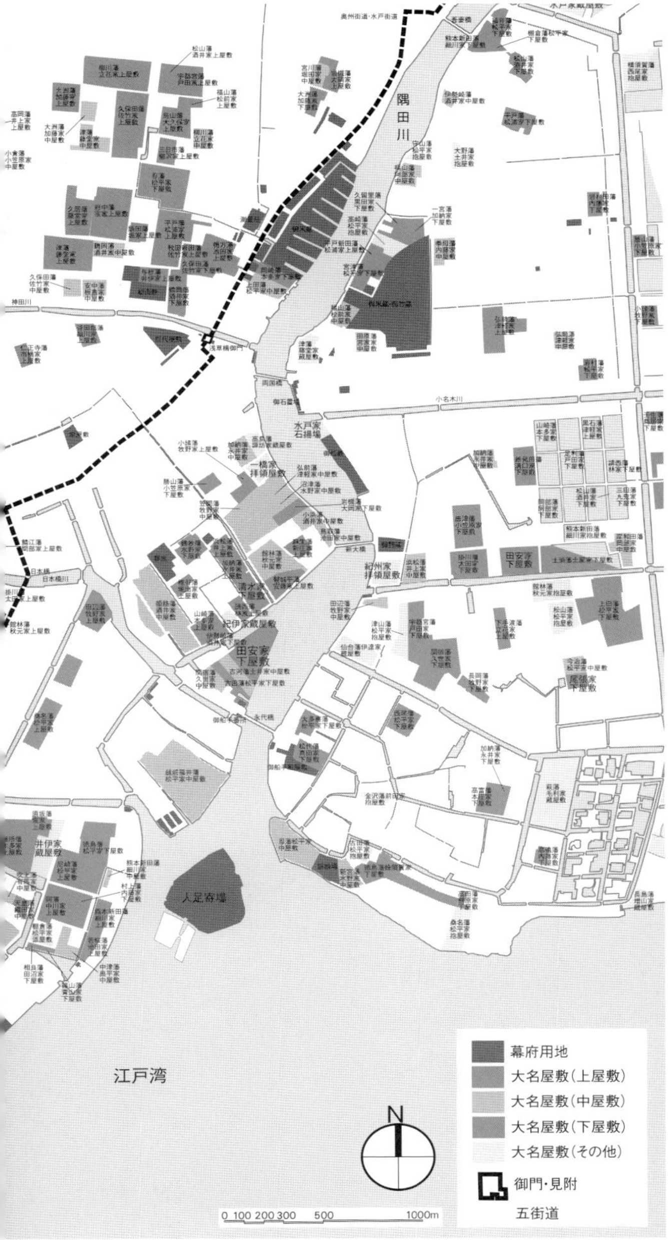

本丸を中心とする江戸城は、幾重もの濠が江戸城の周りを守る。張り巡らされた濠のかたちから、「の」の字の構造だと指摘する人もいる。確かに江戸図をよく見ると、大手門から桜田御門、半蔵御門へと、濠は輪切りしたロールケーキのように外側に向かって時計回りに回転するかのようだ。本丸を出発点として、まず西の丸、吹上の御殿が内濠沿いにあらわれる。明暦の大火(1657年)以前、吹上御殿の場所には、将軍家に世継ぎのないときに将軍を出すことになる「御三家」が南から尾張、水戸、紀伊の順で上屋敷があった。内濠をさらに北上すると、現在の北の丸から気象庁があるあたり一帯は北の守りとして「御三卿」と呼ばれる田安、清水、一橋の各家の上屋敷が配置された。御三卿が設けられた八代将軍吉宗、九代将軍家重の時代以前は、譜代大名の上屋敷が密集していたところである。このように見てくると、現在の内濠はむしろ外濠的な役割を担っていたようにも思える。

外濠と大名屋敷の配置

明暦の大火後の大名屋敷の再配置を確認するために、江戸後期の状況を見ておきたい。気象庁がある大手町から、丸の内、霞ヶ関にかけての内濠と外濠に挟まれた一帯は、大名屋敷を配置するために、区画された敷地が整然と並ぶ。藩の家紋が印された上屋敷が大半を占め、おもに譜代大名が江戸城の東と南の守りを受け持つように置かれた。内濠から外濠へ、「の」の字に巡る江戸城周辺のエリアは、本丸大手門前の大手町、西の丸大手門前の西の丸下、次いで丸の内、霞ヶ関と、本丸からの序列が明確に示される。

霞ヶ関から「の」の字の渦が二巡目に入り、外濠に大名屋敷のエリアが広がる。明暦の大火後、江戸城は吹上と北の丸を取り込み、範囲を拡大する。江戸幕府の重鎮井伊家とともに、吹上にあった御三家の上屋敷は内濠の外に出て、西側の外濠を固める。赤坂御門が紀伊家、市谷御門が尾張家、小石川御門が水戸家(小石川後楽園)といった具合に、外濠の要所を守るように再配置された。加えて、御三家の屋敷替えも行われた。ほぼ甲州街道を境界に南側を紀伊、北側を尾張、神田川を中心に水戸というように、屋敷のエリア分けが明確化される。

(岡本哲志)

外濠内側の近世上水道

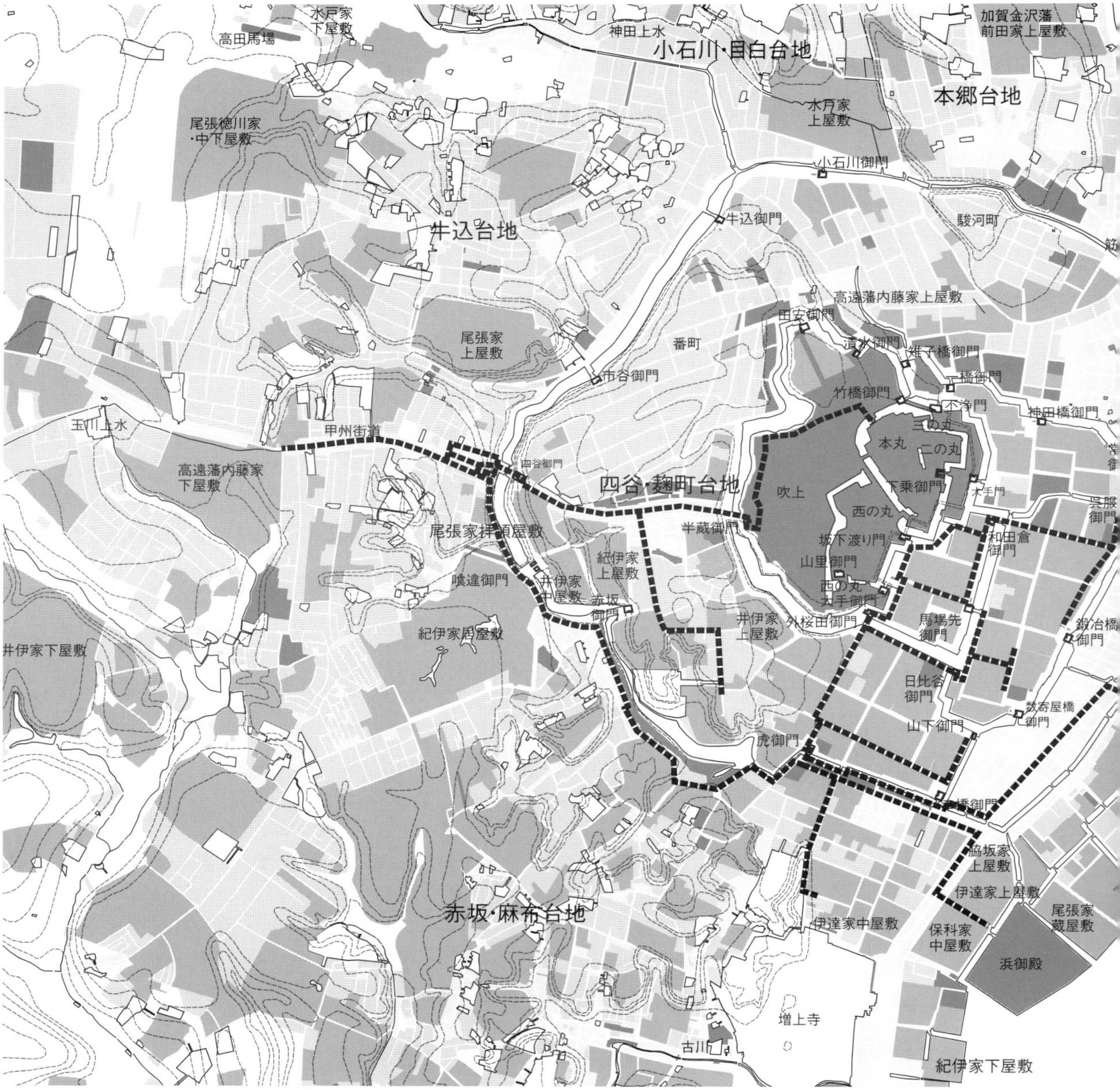

玉川上水配管ルート(「上水記」寛政3(1791)年)と江戸時代後期の大名屋敷の分布

武家地と、町人地の水源

徳川家康が江戸に入府する少し前、本郷台地と小石川・目白台地に挟まれた谷筋を流れる小さな川を利用して小石川上水道が最初に整備され、江戸城下で最初に開発された町人地・本町一帯に水が引き入れられた。小石川上水は、後に江戸の人口拡大とともに神田上水に発展する。水戸家の藩邸では神田上水が屋敷内庭園等に通水し、神田上水の水管理の役割を担っていた。ただし、神田上水は、玉川上水の上水配給エリアと比較すると、台地上の武家地に上水が供給されず、下町エリアに限定された。

江戸城周辺に配置された大名や旗本への水の供給は、台地に幾筋もの流れをつくる小さな川を利用した。鮫が橋（現在の新宿区若葉町・須賀町）あたりを水源に、玉川上水以前に整備された溜池上水などの上水と、ふたつの溜め池（貯水池）が考えられた。しかしながら、飲料水確保だけが目的ではなかった。赤坂の紀伊家藩邸では、すでに溜池上水によって庭園などに水が引き入れた。

大名屋敷と玉川上水

玉川上水は、神田上水から四半世紀が経った1654（承応3）年に完成する。開渠だった玉川上水は、四谷大木戸で暗渠となる。そこから、玉川上水は四ツ谷御門から江戸城本丸等へ通水する水道と、門の手前を右折して真田濠・弁慶濠の土手際を下り、溜池へ流れる水道のルートに分かれる。南下するルートは、溜池上水のルートが引き継がれた。このルートは標高差が20mにも及ぶため、真田濠と溜池際で吐樋と呼ばれる、外濠へ排出する水位調整用吐水口が設けられた。これにより、承応年間に真田濠は水濠であった。このように、玉川上水は飲用水の利用とともに、想像以上に江戸城や大名屋敷の庭園内につくられた泉水、外濠への引水に使われていた。

例えば、玉川上水が通る甲州街道沿いにある内藤家下屋敷内にある「玉藻池」を中心とした回遊式日本庭園は、「玉川園」と呼ばれ、1772（安永元）年に完成したものである。石高の低い大名の屋敷にも、潤沢に玉川上水の水が引き入れられた。また、江戸湾に面する伊達家の屋敷でも、1744（延享元）年に仙台藩主となった伊達宗村が、将軍家から嫁いだ利根姫（徳川宗直の娘・徳川吉宗養女）のために建てた御守殿で使用する水の質の悪さを訴え、玉川上水の水を榎坂（港区）下から新規に分水し、屋敷内に木樋で導水して庭園の池に利用された。江戸の上水が飲料水だけでなく、玉川上水の水で庭園内に滝をつくり、淡水が池に流れ込む。

（岡本哲志）

外濠のまわり

外濠と邸宅

外濠の周辺は中低層住宅が多く、静かで緑豊かな住環境を今でも各所に留めている。もともとは武家地として16世紀の終わりから造成が始まった400年の歴史を持つ屋敷街であるが、その構造はむしろ近代以降、明治から大正にかけて築かれた屋敷街の影響を強く受けている。

幕末から明治初期にかけて武士は江戸を去り、武家屋敷は荒廃の一途を辿る。その地に新たな住居を求めていったのが明治の新たな有力者である、軍人・学者・実業家であった。彼らは日当たりが良く高燥で衛生的な山の手の高台に屋敷を求め、外濠の土地はまさにその理想に合致していた。南面の斜面地である市谷・飯田橋の新宿側では、明治中期ごろからいくつもの屋敷が一帯に築かれていく。

しかし、江戸時代まで多くが中下級武士の屋敷であったこの周辺では、多くの敷地が500坪前後であり、2,000坪近くにもなる近代の屋敷を築くには規模が足りない。そこで彼らは複数の土地を統合することで屋

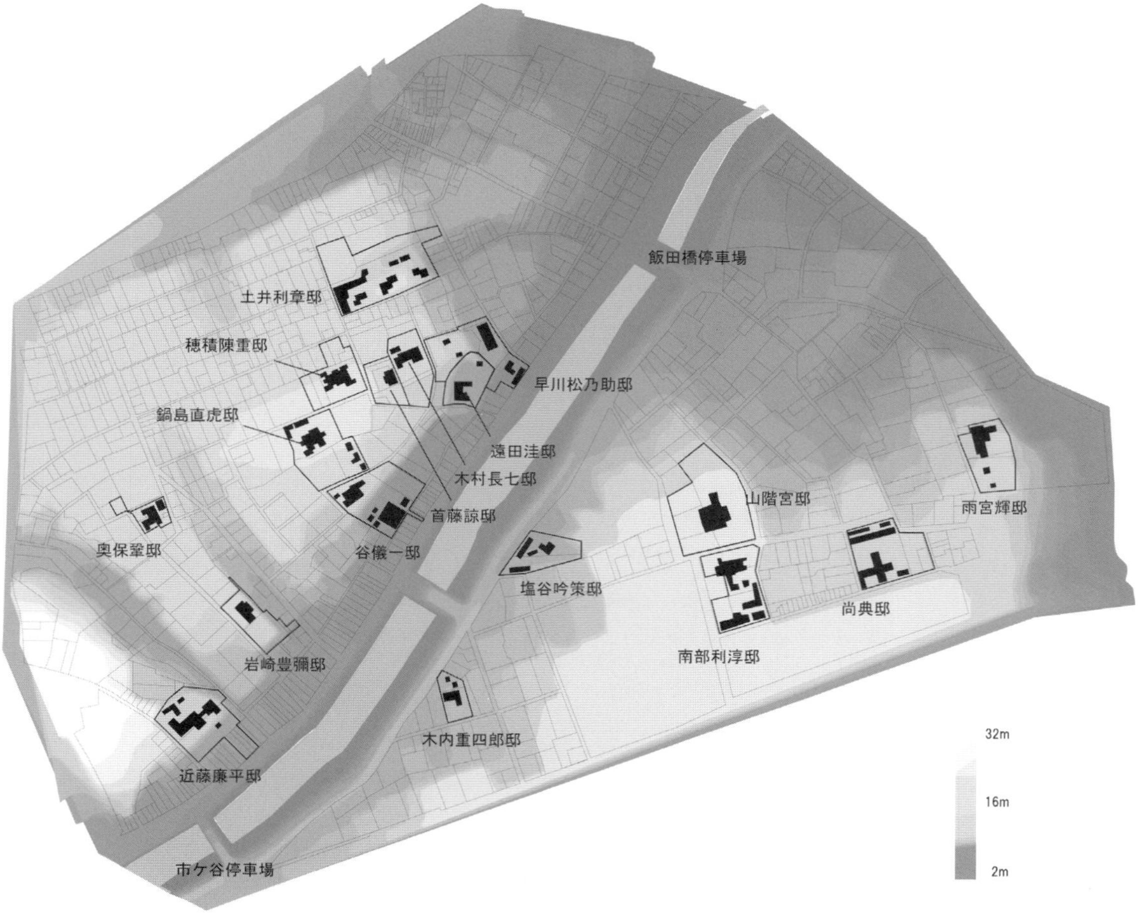

図1　市谷・飯田橋周辺の高台に築かれた有力者の屋敷(明治後期)

写真1　明治中期ごろの浄瑠璃坂周辺（砂土原町）の屋敷街

敷としての規模を確保していく。また、明治期に活躍した軍人・谷干城《たてき》の屋敷は、1873（明治6）年の段階で756坪であるのに対して1912（明治45）年の段階では3,038坪まで拡大しているように、もともとの土地を周囲の敷地を取得することで拡大していくケースも見られる。

こうして築かれた有力者の屋敷は、周囲からは一脱した近代的なスケールだったが、そこに彼らの理想的な住環境の姿が具現化されていく。多くの場合は洋館とそれに付随する庭園が設けられ、これらが集積して明治以降の新たな土地利用が獲得されていく。南東方向、つまり外濠側に庭が配置され、建物は開放的で、うっそうと茂る木々の緑と、燦々と照らされた衛生的な庭が彼らの休息の場となり社交場ともなっていた。バルコニーからは外濠や対岸の風景が一望でき、眺望という要素が生活に組み込まれていく。明治の法学者である穂積陳重の妻・歌子に日記には次のような記述がある。

「（1892年）明治二十五年　四月十九日（火）

空に一点の曇もなく、日かげのどかにて実によき日和なりけり。（一部略）二階より見渡せば九段及び近隣の桜は今見頃なり。遠きは雲の如く近きは雪にまがひ、こき紅ひなる花に緑なる柳をこきまぜて、錦のとばりをはりわたせしが如し。度々二階に上りて花見す。暮方にはそよとの風もなく、夕ばえの景色又えもいはれず」（穂積重行『穂積歌子日記　1890-1906 明治一法学者の周辺』みすず書房、1989より）。

彼らが生活の場面で眺望を積極的に利用していた様子が窺える。

明治から大正にかけて、外濠周辺にはこのような屋敷がいくつも立ち並んでいた。緑の連なる屋敷街に、理想的な地形も相まって、外濠は優れた住環境を整えていく。戦後、多くの屋敷は失われていったが、それでも当時の敷地割は比較的良く残され、斜面地の緑は生い茂り、当時の雰囲気を良く保っている。これらは今や地域にとっての貴重な環境遺産であり、その空間を構成する大切な要素のひとつなのである。　（高道昌志）

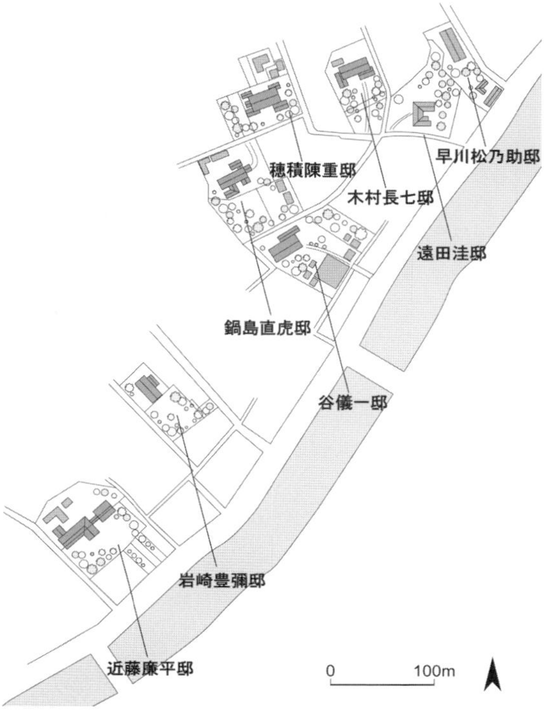

図2　外濠に対して庭を設けた近代の屋敷群

図3　穂積邸洋館断面図

外濠のまわり

外濠と軍事施設

外濠の出自は江戸城の防壁であるから、本来は軍事施設である。いまでこそ鉄道の線路や公園として一般に開放されているが、少なくとも明治期までの土手は明治政府の所有であり、防衛上の観点から一般市民が立ち入ることは禁じられていた。江戸時代に遡っても、外濠沿いには徳川御三家をはじめ大規模な武家屋敷、あるいは下級武士の組屋敷が多く、これはもちろん防衛上の利点を考慮してのことだった。

現在の外濠においてもこのような軍事・防衛という観点がもたらした空間の痕跡は随所に見出すことができる。土手を走り抜けるJR中央線の路線は新宿—四谷間で大きく湾曲しているが、これは信濃町駅の青山練兵場と接続させるためのもので、雨宮敬次郎『過去六十年事蹟』(1907／武蔵野社、1976復刻)によれば陸軍大将川上操六との間で「東京には今軍事停車場と云うものがない……。就ては青山の練兵場、あすこへ新宿から持って来れば陸軍省は十分保護してやるがどふする」というやりとりがあったと記されている。

外濠周辺には比較的大規模な施設が点在しているが、これらの敷地の経緯を辿ればその多くが軍事施設であったことが分かる。尾張徳川家上屋敷の跡地である防衛省は1874(明治7)年から1954(昭和20)年まで陸軍士官学校、逓信病院は三河国深溝藩板倉内膳正の上屋敷を経て1888(明治21)年から1927(昭和2)年まで陸軍軍医学校、東京ドームおよび後楽園は水戸徳川家の上屋敷を経て1871(明治4)年から1935(昭和10)年まで陸軍砲兵工廠であった。どの敷地も大名屋敷から軍事施設という流れを汲んでいることが分かる。

さらに、JR水道橋駅南口の一帯の三崎町は、幕府の講武所(武芸訓練機関)跡地に設置された陸軍練兵場を明治政府から払い下げられた三菱が、1890(明治23)年に開発した放射状街区の持つ近代的な構造を持つ町である。靖国神社南側に位置する現在の九段南町は軍人が良く利用する九段三業会があった場所で、明治初期に長岡仁兵衛という人物が「土地の発展を策するには畢竟花柳界の存置に在り」と着眼し、最初靖国神社馬場内にあったものを現在の地へ移し、旗本屋敷跡を直線街路によって計画し開いたものだった。

写真1　陸軍砲兵工廠(現東京ドーム)

写真2　東京ドーム近辺。かつての軍事施設は娯楽の空間へと姿を変えた

このように戦前までの外濠一帯には軍事施設が多く、また一部で軍関係の人びととの繋がりのなかで構築された空間構造を持ち、現在の都市空間にそれらを内包させている。軍事施設は一般に規模が大きく、用途や機能が転換したとき都市空間の印象は劇的に変貌する。しかしその規模の巨大さゆえに、むしろ敷地や街区構造は良く継承され、現在においてもその痕跡を随所に見出すことができるのである。　(高道昌志)

写真3　陸軍士官学校（現防衛省）

写真4　放射状の街区をもつ三崎町

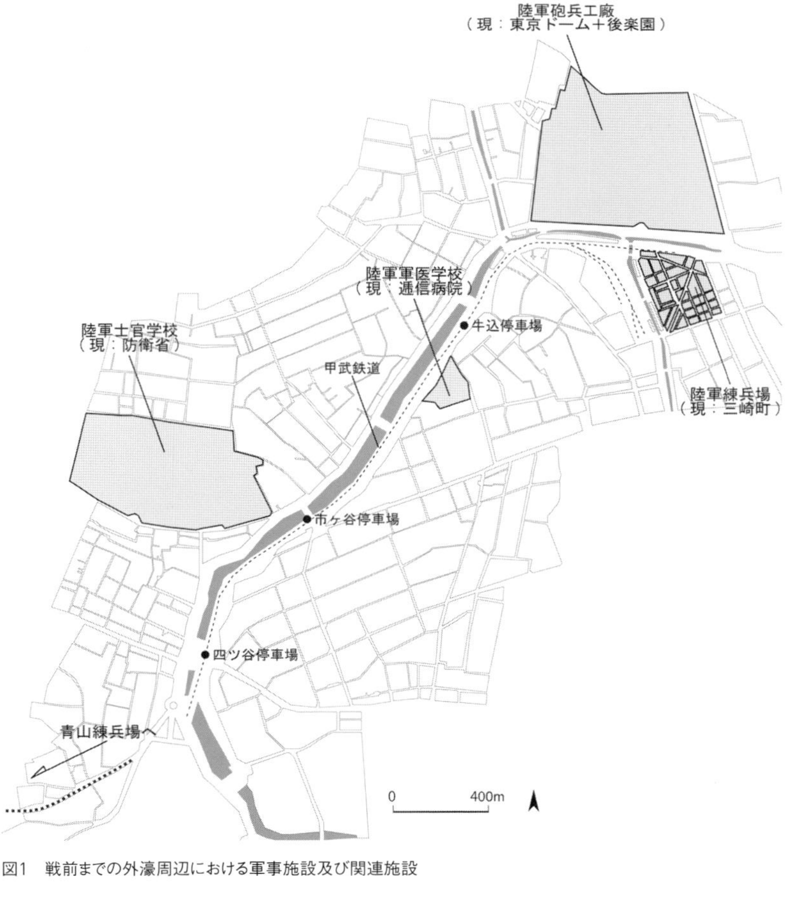

図1　戦前までの外濠周辺における軍事施設及び関連施設

外濠のまわり

外濠と学校

外濠周辺(市谷～飯田橋)には多くの学校施設が存在する。大学、高校、専門学校などこれらに通う学生は、外濠周辺の町の発展に大きく貢献してきた。蒔田耕『牛込華街読本』(牛込三業会、1937)によれば、昭和初期の神楽坂を訪れる多くは学生であったことがわかる。かつてその界隈には彼らの下宿も多く、外濠周辺は学生街の様相を色濃くしていった。

写真1　1889(明治22)年に富士見町へ移転した法政大学

外濠周辺に学校施設が築かれていったのは明治中期ごろからで、なかでも最も古い歴史を持つのが法政大学や暁星学園、東京理科大学や三輪田学園である。しかし、これらの学校は外濠で創立されたのではなく移転であった。つまり他から転じてこの地に根を下ろしたのである。法政大学は駿河台という当時の学問の中心地から1889(明治22)年に麹町区富士見町六丁目へ、暁星学園は築地居留地から麹町区元薗町を経て1890(明治23)年に飯田町三丁目へそれぞれ移転している。

さらに、その移転先の傾向としては外濠の内側である内郭に多かった。これは明治期にまだ東京の市域が江戸の朱引線とほとんど変わらない時代、官庁施設や各国大使館など公的な施設の多い近代の表舞台としての内郭と、住宅が多く生活空間であった外郭とが明確に区別され立地が選定されていたためと考えられる。つまり、内郭西端の外濠の地が学校という近代の新たな要素を受け止める新天地として受け止められそこに学生街が築かれていったという見方ができる。

同様の経緯は、病院や会社といった他の近代施設においても見られ、図3は1897(明治30)年ごろの外濠周辺の近代施設を示したものであるが、外濠の周囲にいくつも点在している様子が窺える。学びの新天地として外濠の土地が求められていった結果であった。

例えば東京眼科病院は、井上豊太郎が1889(明治

写真2　1921(大正10)年に法政大学は外濠の土手沿いに移動する。写真は昭和初期の様子

図1　東京眼科病院(明治30年ごろ)

22）年にドイツへ留学後、1895（明治28）年に学位を取得し帰国後の1896（明治29）年に飯田町3丁目24番地に設立した個人病院であった。『東京眼科病院年報』（東京眼科病院、1901）によれば、861坪の土地は井上自身の自宅や看護士の寮も併設された職住一帯のもので、ドイツにまで留学した井上個人の、日本での新天地としての志が具現化されていた。

この他にも同様の事例は見られるが、そのすべては民間の施設であり、他から移転してきたもの、あるいは外国から帰国後に学校を開くなど、知識を一般に啓発するどこか自由な雰囲気の場としての外濠が浮かび上がる。内郭の持つ表舞台としての気質が象徴として意識されたことも寄与しているのだろう。外濠は民衆にとって近代化の受け皿であり、彼らにとって新しい風の吹いている場所だったのである。（高道昌志）

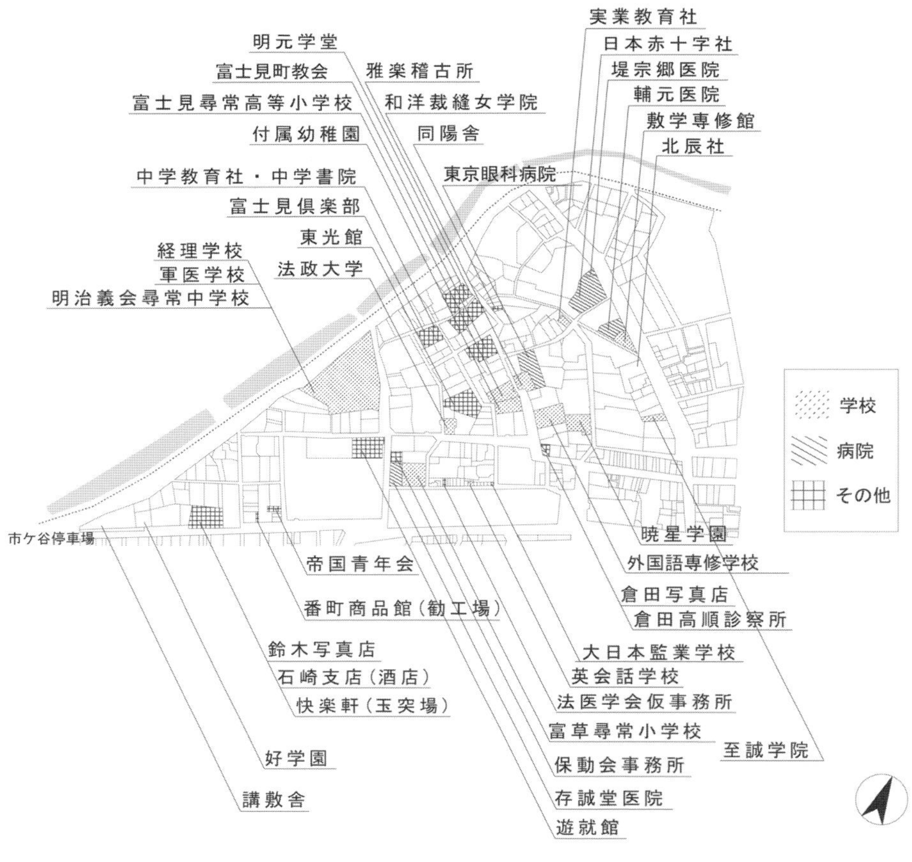

図2　明治後期の外濠周辺の学校及び近代施設の分布（1897年ごろ）

外濠のまわり

外濠周辺のまちのかたち

江戸城下西の守りの要をなす水堀は、武蔵野台地東端の谷戸地形を活かし開削された。後堅固と称された外濠は内濠とともに城下の内・外郭を区分し、近世二百数十年、そして今日までの長きにわたり市街地にメリハリを与え、まちのかたちを特徴づけた。山の手に位置する外濠は、今日では見ることのできない東京駅寄りの低地部に拓かれた外濠と異なり広大な天空を見せる大空間で、国の史跡に指定されている。

ここでいう外濠の周辺地域とは現東京都心の西北端に位置し、濠を挟み東西それぞれ500m幅でおおむね流域圏に相当する。第一の特徴はかつて幕府中枢の所在地であった東京都心の後背圏に位置し、その至近性から一貫して居住地形成が図られてきた。つまり麹町台地に計画的に集団配置された旗本屋敷群、新宿台地の下級武士の組屋敷（大縄地）などは比較的大きな敷地規模であったことから明治維新後も瀟洒な邸宅街として継承された。昨今ではマンションへの転換が進み、人気度の高い都心居住地となっている。【図1+キープラン1】

山の手の住宅地としての地位は、かつて外郭に配置された御三家の上屋敷や有力大名の屋敷地であったことに起因している。つまり大規模な土地は明治政府によって公収され、紀伊藩の赤坂離宮迎賓館や赤坂御所（旧赤坂離宮・青山御所）、尾張藩の防衛省（旧陸軍師範学校・陸軍中央幼年学校）、水戸藩の小石川後楽園や東京ドーム（旧東京砲兵工廠）、さらには紀州・尾張・彦根藩の中屋敷がそれぞれに赤坂プリンスや清水谷公園、上智大学やホテルニューオータニへと姿を変えたことも影響した。また社寺の縁日が

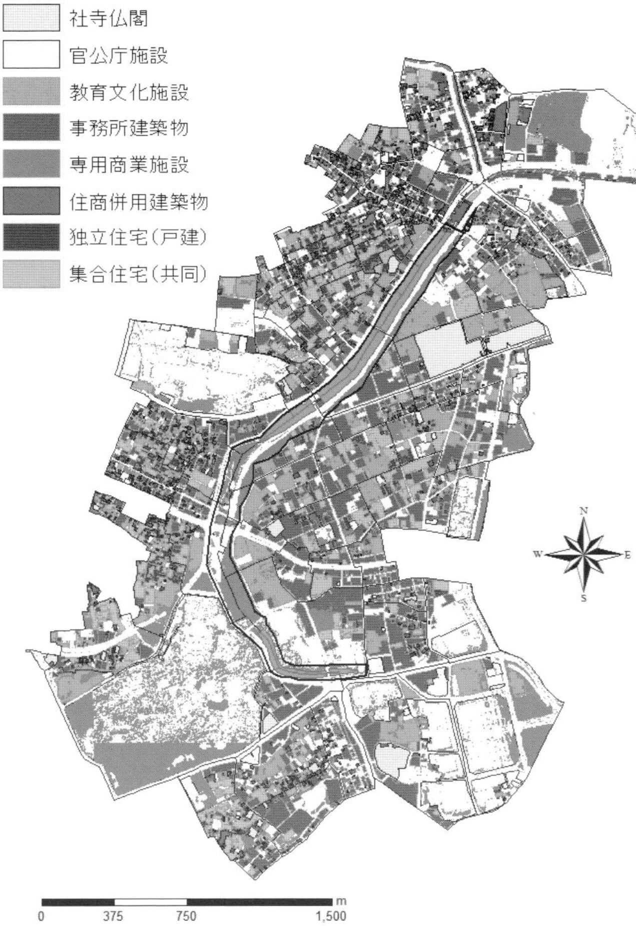

図1　外濠地域の土地利用

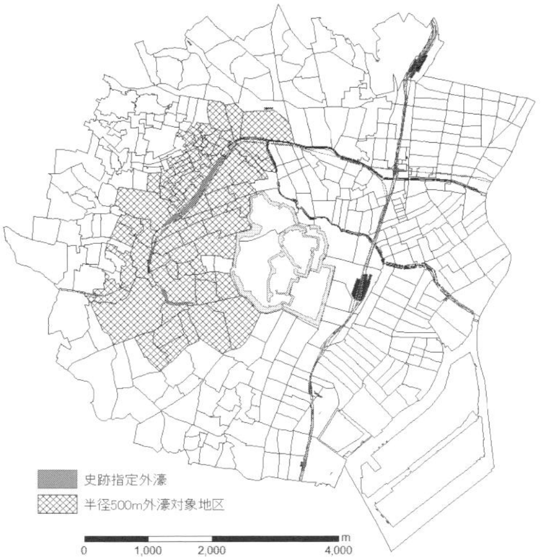

キープラン1　外濠地域の位置

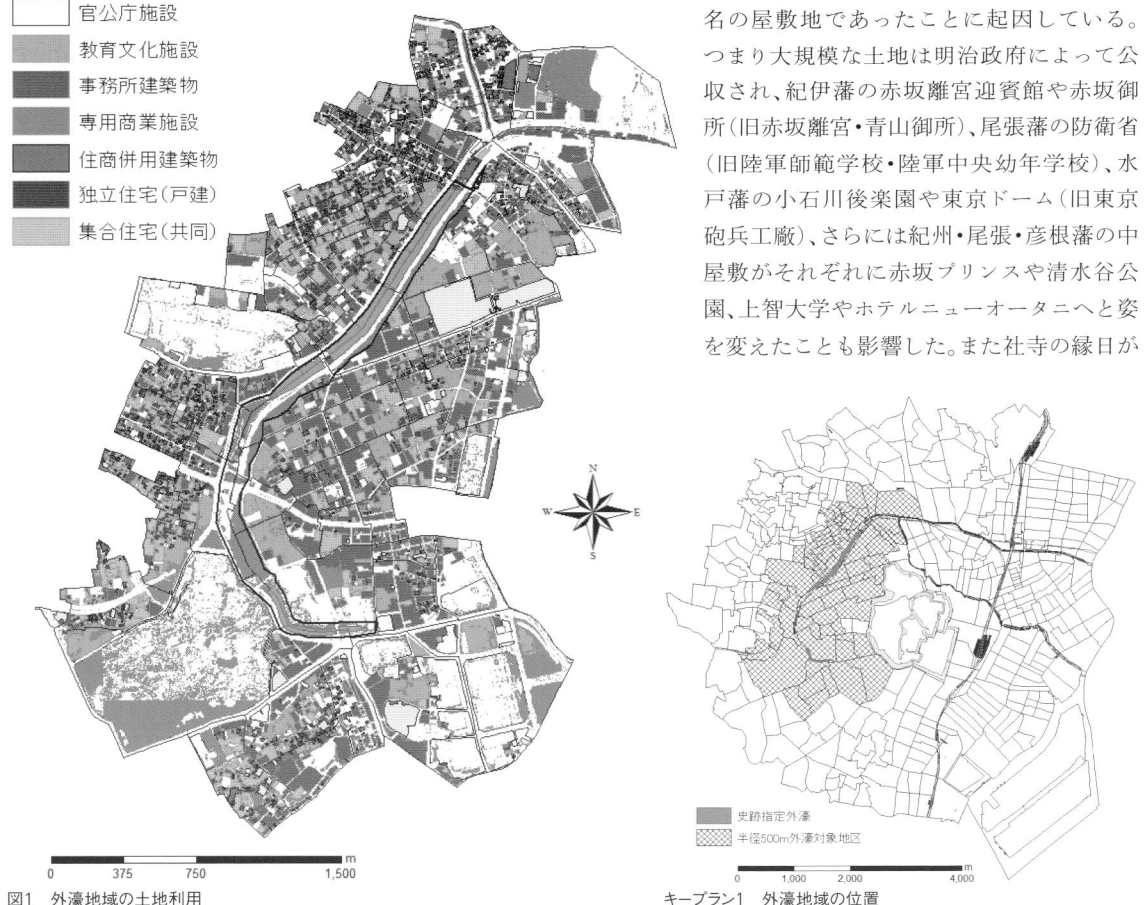

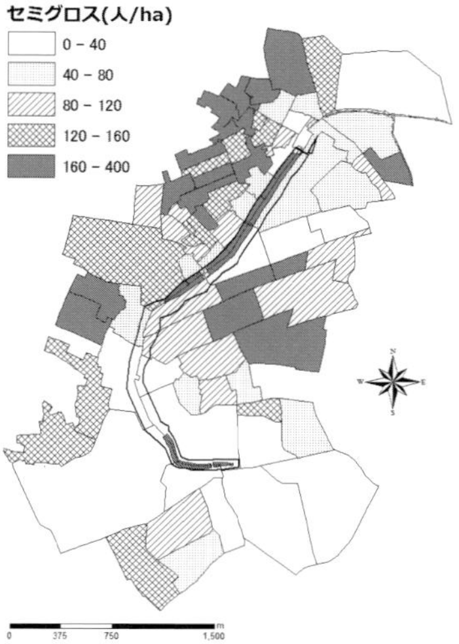

図2　居住人口密度

図3　戸建・共同住宅用地の分布

図4　商業・業務系用地の分布

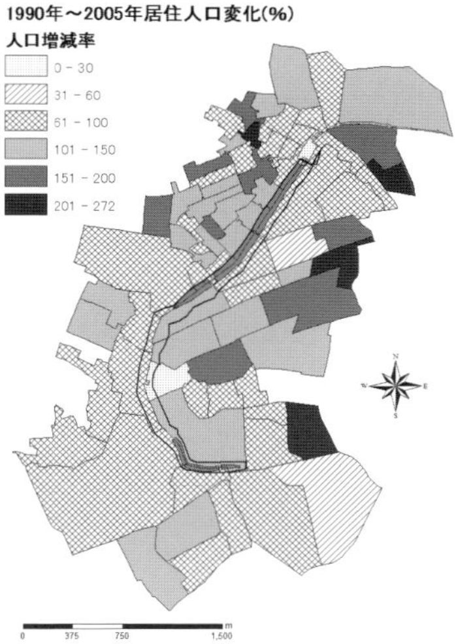

図5　居住人口の増減率

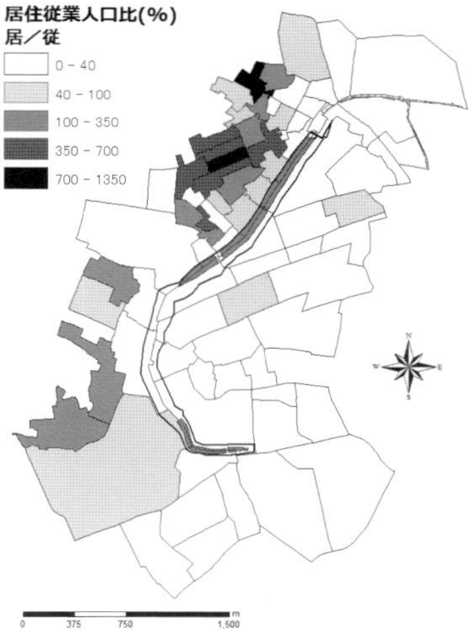

図6　居住・従業人口比

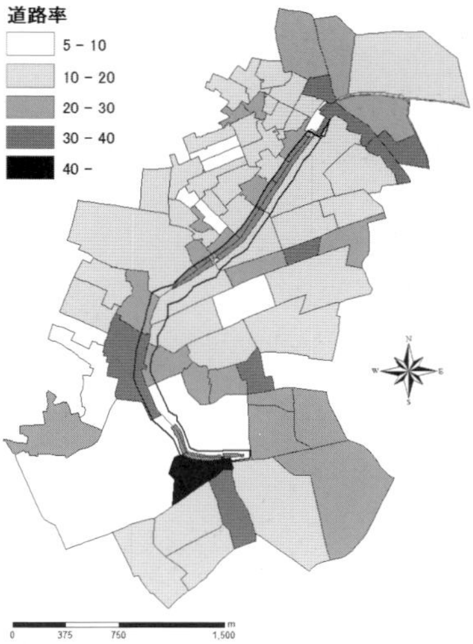

図7　道路率の分布

門前町へと進化し成立した神楽坂、四谷や赤坂などの繁華街の発展も都心の居住地としての適性を高めた。こうした傾向は番町や紀尾井町（麹町台地）、船河原、揚場、鷹匠、加賀、甲良や薬王寺（牛込台地）など、古き町名の継承によっても加速し、まちの風格を高めたといえる。さらに神田や駿河台からあふれた大学の立地に伴う教員の居住地、作家など文化人の住まいが文教地区としての性格を強め、関連して出版・書籍・情報・文化といった固有の機能集積を進めた。当初銀座で創業していた大日本印刷の加賀町への移転による企業城下町の誕生もまちのかたちを左右した。昨今では東京都心への至近性から新宿通り、靖国通りや外堀通りの沿道地域への事務所ビルの新規立地が進展している。

都心きってのお屋敷町

外濠地域が東京都心きってのお屋敷町であることは前項で述べた。その詳細を土地利用、居住人口や従業人口の分布特性から見てみる。

まず図2は居住人口密度の分布実態を町丁目単位で図化したものであるが、密度の高いエリアは神楽坂の背後地から市谷にかけて南面する台地部に集中している。次いで市ヶ谷駅の南・四ツ谷駅の東側の靖国通りと新宿通りに挟まれた一番町・四番町に集中し、都心居住の特化エリアとなっている。こうした傾向は独立住宅・集合住宅の分布図[図3]とも符合する。また住宅種別で分布特性を見てみると牛込台地では戸建て住宅地率が、麹町台地では共同住宅地率が高い。逆に低密度なエリアは商業・業務系土地利用[図4]となっている。とりわけ赤坂・四ツ谷・市ヶ谷・飯田橋の各駅近傍の靖国通り、新宿通りや外堀通りの沿道では事務所建築物が多数立地している。

一方、居住人口の増加エリアは密度分布と同様、神楽坂の背後地や番町界隈に集中している[図5]。また住宅地としての特化度を示す居住・従業人口比の高さ[図6]では外濠の外周エリア、つまり南面した牛込台地が高くマンション立地の傾向を強めている。この図に居住・従業人口比の分布特性を重ねると3つのまち構造、つまり「居住地特化型市街地」と「商業・業務地特化型市街地」、これに両者が比較的均等な「職住均衡型市街地」に区分される。

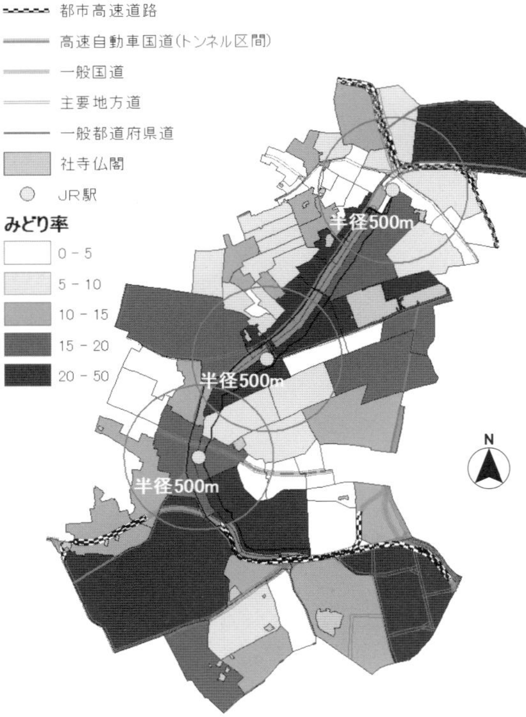

図8　基幹的都市インフラとみどり率

骨太な水と緑の大空間

都市は本来、古いものを継承しつつ新しいものを受け入れる新陳代謝を必要としている。それぞれのまちの急激な変化を吸収し許容する力は都市の共有空間の有無と、その水準にあるといって良い。つまり道路や鉄道、公園緑地や上下水道などの公共インフラの充実度に左右される。

この地域の最大の特徴は繰り返し述べるが江戸の遺産“外濠”空間の存在であり、この空間によって城下町の惣構と固有の土地利用が定まり、間違いなく今日のまちのかたちの基となった。外濠の魅力は何といっても幅50～80mに及ぶ水面にあり、隣地の公園緑地を含む幅100～120mに及ぶ広大な空間にある。この大空間は国指定の文化財で、同時に多様な生物の生息地となっている。この豊かな水と土と緑に彩られた大空間はさらに沿道の外堀通りや麹町台地の区道を含めればおよそ東西120～180mに及び歴史的風致を増進する都市インフラといえる。この史跡指定地がつくる骨太な都市インフラの実態はみどり率[図8]や道路率[図7]の分布図からも観察でき、西側を走る外堀通り（環状第2号線）によって一層雄大な公共空間をつくる。

南北に延びた外濠の隣接地には先に触れたが赤坂離宮迎賓館や東宮御所、小石川後楽園、靖国神社境内地や清水谷公園など大規模なオープンスペースが加わる。この地域の歴史性、環境や文化的な性格の厚みを増し一大オアシスといえる。また数多く大学の立地のほか社寺仏閣の多さも挙げられる。とりわけ社寺仏閣は幕末期に比べ半減したとはいえ神楽坂、市谷、若葉町や赤坂の周囲に多々見られ、往時の面影とともに貴重なコモンスペースを提供している。繰り返し述べるが史跡指定地を包む骨太な公共空間は新宿通りや靖国通りなど放射方向の幹線道路や生活道路などと一体となって地域総体のポテンシャリティとコミュニティの持続可能な発展を担保する大きな力となる。

壮大なパノラマ景観の揺らぎ

雄大な天空と木々に覆われた外濠がつくる風景の骨格はおよそ四百年の長きにわたり比較的よく保たれ、東京都心屈指の文化的景観を維持してきた。

前述した都市の変化を飲み込み吸収する包容力について作家の野口冨士男は30年ほど前、その著[3]で大

写真1　林立する超高層ビルによる大空間の揺らぎ

写真2　史跡外濠を独り占めする沿道の建築物

意次のように述べている。すなわち「四谷から赤坂方面をみる眺望は東京でも屈指の美観である。この風景は（外濠の上空を覆って建設された高架の）首都高速4号線の出現には負けぬだけの力をもっている」と。しかし「少々の開発に対してビクともしない」という指摘は、歴史遺産の破壊あるいは景観や環境面から見ても容認できない。もとより今だから言えることで高速道路の建設は高度経済成長の象徴的行為として急がれ歓迎された。しかし昨今の大規模な街区開発方式による超高層化のうねりは一定の節度を失い、年々雄大な空間を狭めつつあり、大いなる脅威と危惧される。とりわけ四谷見附橋・市ヶ谷橋・新見附橋や牛込橋から望む風景は揺らぎ、「空間の力」は陰りを見せている。また外堀通りに面した沿道建築物の林立は景観独り占めの遮蔽ビルとなり、背後の建築物から視界を狭め、史跡外濠を共有する人々の分断など取り返しのつかない事態を招きかねない[写真1～3]。

外濠を縦方向に眺める景観と横方向に据えた景観の良し悪しはともに地形に沿った雛段状の建築群の妙、つまり史跡外濠を望む視界の広がりを保ち、多くの人々が共有し合うまちの構造維持によって可能となる。さらにその恩恵に多くの人々が浴し得る景観の保全と継承のためには風景の骨格を整えるとともに、文化的景観を強化し維持するため建築・開発行為や広告物へのある程度厳しいローカルルールが必要といえよう。

（高橋賢一）

写真3　雛壇型の景観

コラム

御茶ノ水昌平河岸の木造建築群

御茶ノ水駅を利用したことがあれば誰もがおそらく気になる建物群だろう。電車から見える3〜4階建ての建物群は、神田川の護岸に密集してせりたち、その前を電車が往き来する光景は、東京都心のダイナミズムを直に体感できる。しかし、電車を降りて、聖橋を渡り、背後へ廻ってみると車窓からの高揚感とは裏腹に普通の2階建ての建物が並んでいるだけである。

ここは東京都所有の借地であり、木造2階建てまでという規制がある。だが、実際にはまるで地下世界に潜るように急な階段を降りた所にもフロアが存在する。住民たちが暮らしのなかで空間を上ではなく下へと延ばしていったために、表と裏が全く違う景観を成しているのである。

建物群の中でも目を惹くのはビリヤード場がある青葉亭と淡路亭である。木造と鉄骨造のハイブリッドな構造で最も驚くべき点は地下内部の空間にある。地下には昔の護岸や石の階段が建物に内包された状態で残っていたのだ。さらに、護岸沿いの斜面に建つ青葉亭では、昔の護岸と階段が構造の一部となっていた。

特殊とも言える環境のなかで人びとの暮らしが生み出した空間は、土地の持つ歴史の積み重ねとそこで同じ時を歩んできた人々との関わりによって成り立っている。　（奥富小夏）

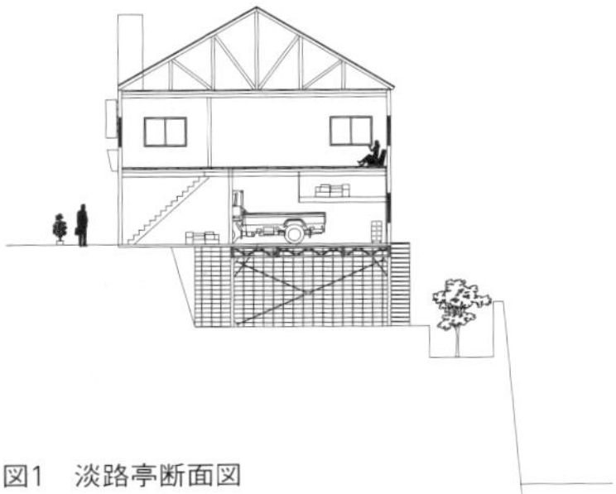

図1　淡路亭断面図

写真1　神田川に沿って並ぶ風景

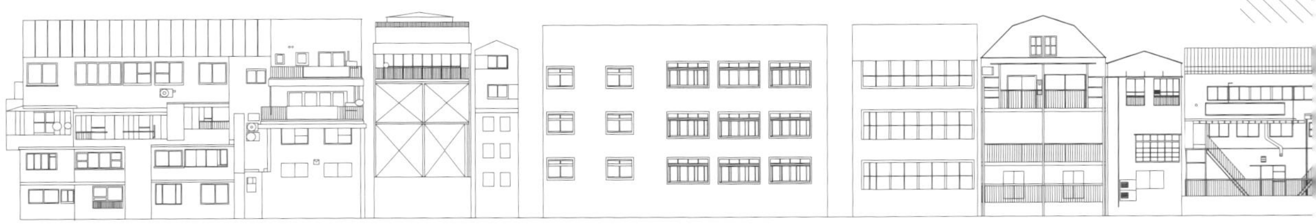

図2　神田川側立面図

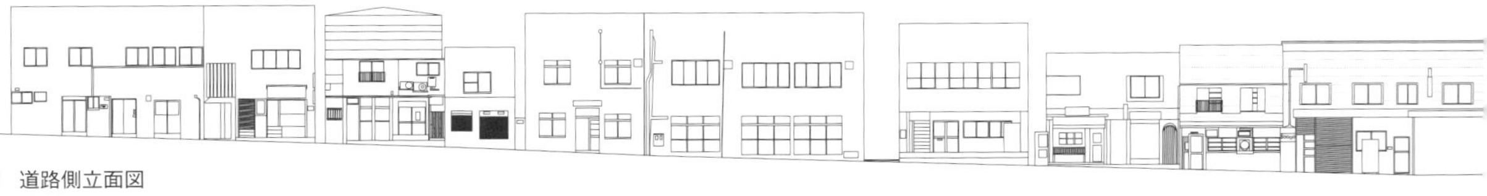

図3　道路側立面図

外濠アルバム Sotobori Album

御茶ノ水

御茶ノ水といえば、江戸時代には蛍狩りの名所として知られ、また城下随一の景勝地としてもその名を馳せていた。写真は明治初年ごろの様子だが、深い渓谷には木々が生い茂り、水面には小舟が浮かぶ。手前には釣り人の姿も見え、どことなくのどかな雰囲気を醸し出している。

それから一四〇年余、コンクリートの護岸に、渓谷を跨ぐ屈強な鉄橋、そして側を鉄道が走り抜ける現在の姿を、この風景から想像することは難しい。御茶ノ水の渓谷は、おそらく外濠（神田川を含め）のなかでも、最も劇的に変貌した地域であると言えよう。

（高道昌志）

外濠の文化と生活

描かれた水辺(近世)

町人文化が花開いた江戸では数多くの名所絵が描かれた。現在の観光マップのように市中の見どころを魅力的に伝え、私たちに江戸っ子が見た風景、色彩、空間を擬似的に知らせてくれる貴重な資料として重宝されている。外濠も例外ではなく、各所で幾つかの図が描かれているので順に見ていきたい。

江戸の名所絵として最も有名なのはおそらく斎藤月岑の「江戸名所図会」であろう。1834〜1836年に刊行された本書には、「日吉山王神社」「筑土八幡神社」「赤坂氷川神社」など外濠周辺の社寺がいくつか掲載されている。外濠自体を描いた図は案外に少なく、赤坂の「溜池」などに限られるのだが、ここで注目したいのが「神楽坂」の図である。

この図はちょうど外濠側から鳥瞰的にエリアを捉えた構図で、右下の部分に水面が一部だけ映り込んでいる。更に土手には荷物が積まれ大勢の人々が行き交い、ここには舟運と町との密接な関係が描きこまれている。つまりこの図は神楽坂というスポットを描いているようで、実は水辺と町の複合的な関係性を描いているように感じられるのだ。

次に、「名所江戸百景」を見てみよう。こちらは幕末の1856〜1858年にかけて刊行された歌川広重による浮世絵で、どちらかというと社寺などのスポットというよりは町の風景を中心に描いた図集である。雨や夜の描写があり、またカラーであるため情緒があり当時の風景が鮮明に伝わってくる。

さて、この一連の浮世絵をずらっと眺めていると、全てに共通して水面が描かれていることに気が付くであろう。これは「江戸名所図会」との大きな相違であり、例えば市谷八幡の図には、爽やかな水面の青と背後に広がる鎮守の森とのコントラストが鮮やかに描き出されていることが分かる。他の図を見てもその構図の中に外濠の水面が効果的に取り入れられ、風景を構成する重要な要素として水辺が捉えられていることが窺える。

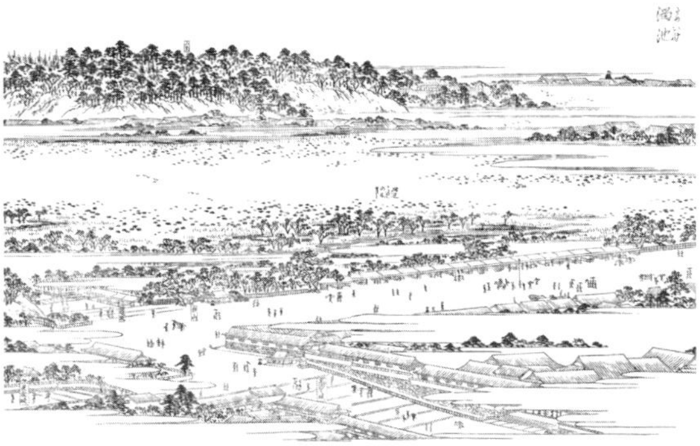

図1　江戸名所図会「溜池」

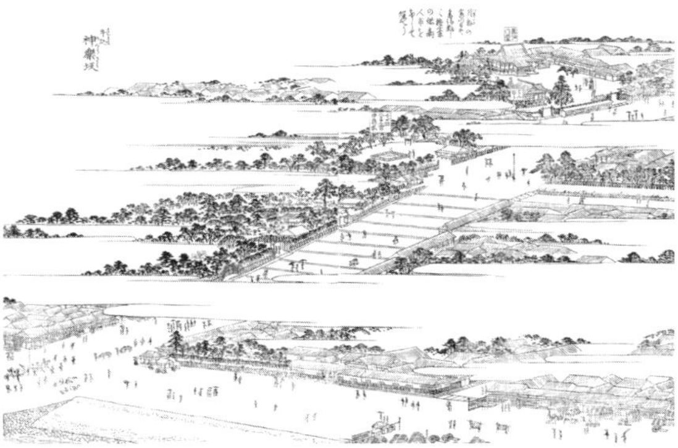

図2　江戸名所図会「神楽坂」

さて、このように江戸時代に外濠を描いた図を順に見てきたが、実はその数自体は思いのほか多くはない。江戸を描いた種々の浮世絵、版画の中で外濠というモチーフはおそらく少数派の部類であろう。しかしその限られた図の中で描かれた世界観は、外濠とまちの織り成す関係を浮かび上がらせることを主眼としたものが多かったように感じる。これらの図には江戸の水辺としての外濠の確かな証明が刻み込まれ、その情景を今に伝えている。

(高道昌志)

図3　名所江戸百景「市ヶ谷八幡」

図4　名所江戸百景「外櫻田弁慶濠」

図5　名所江戸百景「紀乃国坂赤坂遠景」

図6　名所江戸百景「虎の門外あふひ坂」

映し出された水辺(近代)

外濠には多くの絵葉書や古写真が残されている。この写真資料から外濠の都市空間を読み解いていくと、写真は各時代に起きた出来事に敏感に反応し、その時代に向けられている意識を如実に写し出していることが見えてくる。

外濠でも写真は「幕末から明治初期」「鉄道の開通」「象徴物の誕生」「関東大震災」といった出来事による意識、空間の変化を、写真は構図やアングル、対象の変化によって明確に示している。ここではとくに、四谷周辺の絵葉書、古写真を中心に話を進めていく。

写真1は1868(明治初)年の四谷見附橋の写真である。撮影場所は四谷御門の石垣の上から四谷見附橋を見下ろすように撮影されている。内郭側から対岸を映したこのアングルは、明治になり見附が廃止されることで、往き来が自由になった外郭側への意識が表現されたものといえる。

写真2は明治中期ごろの写真である。撮影場所は四谷見附からで、1894年(明治27年)に開通した甲武鉄道が映し出されている。まず外濠の位置にポイントを置いて見てみると、左から中央に向かって写され、内郭側への意識が強いような印象を受ける。しかし、内郭側は高い土手、植栽によって視界が遮られてしまい、その様子を望むことはできない。この写真のねらいはずばり鉄道である。パースの効いた奥行きのある空間が広がっていることが読み取れ、外濠と鉄道が縦に写されている。つまり、外濠それ単体の姿というよりは、外濠と鉄道の関係を映し出しているのである。

これら2枚の写真は明治初期と中期ごろのものであるが、明治後期から大正期にかけては写真の構図が大きく変化していく。大正期の四谷見附周辺の写真の特

写真1　四谷見附橋から外郭側を眺める(明治初年)

徴としては、鉄道を中心に捉えたものがほとんど見られなくなり、新たな象徴物を中心に捉えたものが多くなる。その代表的なものが、1913(大正2)年架橋の四谷見附橋であるといえよう。

例えば大正初期撮影の絵葉書に、四谷見附橋の内郭側の袂、現在の聖イグナチオ教会前の土手のあたりを写したものがある。これに映し出されているのは、甲武鉄道が植え、当時の名所のひとつでもあった桜であるが、良く見ると背後には四谷見附橋の姿が垣間見える。つまりこの写真の狙いは、近代の新たな名所を、四谷見附橋という新たな象徴物の背景として捉え、その景観を映し出すことにあるといえる。

また、1919(大正8)年ごろの絵葉書には、四谷見附前の消防署の火の見櫓から(現在のニコラ・バレ修道院)、新宿方面を見下ろすように撮影されているものがある。この写真のように、高所からの展望を撮影した絵葉書というのは意外に少なく、この写真の構図の大きな特徴となっている。ここでは、後方に広がる街並みを背景にしながらも、手前の四谷見附橋をおもな構成要素として配置し、全体の景観を映し出していることが分かる。明治後期から郊外へと拡大を続ける東京と、新たな象徴物である四谷見附橋を一枚に捉えた写真であるといえよう。

外濠を映し出した絵葉書は、主に東京の近代化の象徴的な光景を狙ってとられていることが分かる。江戸から変わらない要素としての外濠、近代の新たな要素である建築や鉄道、市街地など、これらがおりなす光景がまさに近代の外濠の姿だったのである。外濠とはある意味では、近代を象徴する場所であった。

(高道昌志、宗岡 光)

写真2　四谷見附から撮影した甲武鉄道と外濠(明治中期)

新聞の社会面記事からみた市民の外濠

市民の記憶の中にある外濠という場所の歴史を探ることは、外濠再生への一つのヒントになるかもしれない。外濠は、多くの人々のさまざまな思いが幾重にも重なっている場所である。ここでは、外濠との関係における市民のパブリック・ヒストリーを、明治、大正、および昭和の大小の事件やイベントを中心に、新聞の社会面記事から探ってみたい。とりわけ大新聞の記事は、時代の人々に共有された記憶ともみなすことができ、外濠の底流にある社会的・文化的ランドスケープの一つとしてとらえることができそうだからである。

以下は、読売新聞記事の見出し原文とその記事内容の要旨である。見出しは、事件やイベントに対する当時の人々の心象形成をしていると思われることから、原フレーズをそのまま掲載した。

外濠で育てた鯉の水揚げ（読売新聞、1942年10月10日夕刊）

外濠の魚類

外濠には、魚がたくさん棲んでいる。水涸れや工事で、それが市民の眼にはっきりと見えることがあった。また、戦時下には、積極的に魚を飼育したこともあった。

•「牛込橋下の大漁」〈1891（明治24）年11月19日朝刊〉……浚渫中に石管より泥水が流れ出て、たくさんの魚がアップアップ。牛込警察署の巡査が鯉、鮒、鯰等を捕獲。中には2尺位の鯉もあり。

•「外濠の水が涸れて鯉や鮒が跳ねる」〈1923（大正12）年8月15日朝刊〉……昨今の干天続きで、牛込見付と新見付間の外濠が涸れて鯉や鮒が飛び跳ねて通行人の眼を引きつけている。

•「外濠に鯉を5万尾」〈1941（昭和16）年5月9日夕刊〉……食糧増産のため、新見付の外濠1万坪の利用を九段4丁目町会が申請、許可下りる。近く、鯉の幼魚約5万尾を買い入れて放流の予定。餌は水が肥えているので目下必要なし。

•「獲物は大きいぞ」〈1942（昭和17）年10月10日夕刊〉……九段4丁目町会が昨年放流した鯉が成長、はじめて地引網を入れ水揚げ。大は1尺5寸まで約500尾。大半を陸軍病院、残りを他病院、診療所、隣組に配給。翌朝も水揚げ予定。

外濠の水質

外濠の水質は大いに問題がある。とりわけ、市民生活に強い影響を与えていたのは、時々激しく放つその臭気であった。これは今も昔と変わらない。

•「外濠浚渫工事の苦情」〈1893（明治26）年7月15日朝刊〉……四谷から牛込御門にいたる浚渫工事を夏に開始したため、堀端に堆積した泥土が臭気を放ち、道路にも流出し通行人の迷惑に。区会議員は、浚渫は冬季にすべしと府に請願。

•「帝都の水しらべ」〈1917（大正6）年7月21日朝刊〉……外濠は年々汚くなっている。5年間に有機物がおよそ3倍乃至5倍になっているのが見出された。飯田橋下で細菌数は1立方センチ中94万2千個と個数が増加。

•「手のつけられぬ外濠のくささ」〈1923（大正12）年8月19日朝刊〉……赤坂見附から四谷、市ヶ谷、牛込橋に沿った一帯の臭さには閉口。特に暑い夏の日は一種異様な臭さ。原因は硫化水素などのガス。一部の浚渫や防臭剤撒布では無理。

外濠の事故

外濠では、事件も起こった。人が落ち、また自ら命を失った事件は数多い。車ごと落ちる事故も時々みられた。珍しいのは飛行機が落ちた事故である。

•「民間機外濠に墜落」〈1937（昭和12）年12月18日夕刊〉……昨日午後2時10分、神田の洋服店の宣伝飛行中だった機が、市ヶ谷見付上空にさしかかった際、エンジンがストップ。操縦士は人家を避けて外濠に向かって着陸しようとしたが岸壁に機をうちつけ一回転して真二つ、機体もろとも濠の中に投げ出される。乗員2名は奇跡的に生還。

•「赤褌の勇士3名を救う」〈1938（昭和13）年12月5日朝刊〉……昨夜9時半ごろ、牛込区田町で円タクが1丈5尺下の外濠に墜落。通り合わせた赤褌の勇士（21歳）が発見、着衣のまま飛込み救助した。

•「トラック外濠へ身投げ」〈1950（昭和25）年6月28日夕刊〉……昨日午前11時半ころ、左前輪がパンクしハンドルを切りそこねた製紙会社のトラックが飯田橋駅前ボート池に転落した。運転手、助手とも危うく脱出。

•「揮発油120缶の爆発」〈1918（大正7）年12月18日朝刊〉……飯田町4丁目先外濠に係留中の揮発油積載の伝馬船が昨日午後6時10分突然大音響とともに爆発。消防隊が駆けつけ8時頃に鎮火した。

外濠の風流

外濠は、市民の憩いや行事の場所としてさまざまな使われ方をしてきた。近隣には大学が多く、大正時代から外濠1周競争などが法政大学等の年中行事となっていた。花見など季節行事やボート遊びは今に続いている。

•「外濠の観月舟遊」〈1922（大正11）年8月24日朝刊〉……市ヶ谷見附付近の外濠で、これまでもボート遊びが許されていたが、今度、東京府は更に夜間の舟遊びをも許すことになった。納涼に観月にさだめて賑わうことになろう。

•「外濠ハイクなど、いかが」〈1936（昭和11）年4月18日朝刊〉……市が自慢の「外濠公園」別名ハイキング公園が、いよいよ完成する。飯田橋駅脇から中央線に沿って赤坂見附弁慶橋までの1マイル余。老松の植え込みが芝生を点々と彩り、春は桜、夏は青草とお濠の水が美しく、子供づれには好適の地。

•「小鳥、聴く会が流行」〈1950（昭和25）年11月2日夕刊〉……人々の野鳥への関心が高まり、野鳥を聴く会が開かれたりしている。外濠では、この時期、コガモ、マガモの鴨類や、マガン、ヒシクイ、ユリカモメなどが訪れてくる。

•「“ホータル来い”赤坂弁慶橋畔の賑い」〈1951（昭和26）年6月2日朝刊〉……千代田区外濠美化協会が、山梨県からとりよせた源氏ボタルを1日から1週間、毎夜5千匹ずつ放って、子どもたちに初夏の夜の情緒を味わわせようという「ホタル狩り」が開かれている。ホタルを追いかける子どもたちで弁慶橋は夜が更けるまで賑わった。

•「春闘水上デモ」〈1971（昭和46）年5月1日朝刊〉……飯田橋駅近くの外濠で、15隻のボートに赤旗やプラカードを押し立てた出版社の組合員がジグザグに往復しながらシュプレッヒコール。通行人や中央線の乗客の眼を見張らせた。

このほか新聞社会面には、季節の外濠や集う人びとの情景を扱った記事も多い。総じて記者の外濠を見る眼はあたたかく、「私たちの外濠」というニュアンスが感じられる。このような、外濠に対する皆の親しみの心が重なって、保存•再生への力となるのかもしれない。

（石神 隆）

外濠ののどかな春闘水上デモ　飯田橋にて（読売新聞、1971年5月1日朝刊）

外濠の文化と生活

近代の盛り場「神楽坂」――外濠の生活 I

外濠の神楽坂といえば、戦前まで「山ノ手銀座」と呼ばれていた東京でも屈指の盛り場の一つである。特に寅の日の毘沙門の縁日は、「神楽坂は人の神楽坂」と称される程に大変な盛況ぶりであった。しかし、このような「ハレ」の舞台としての性格を備える一方で、神楽坂には「ケ」の部分、つまり生活という要素が大きな比重をもっていた。

神楽坂が町として開かれたのは明治以降である。元々は旗本の屋敷街であり、商家は毘沙門天の周囲にいくつか存在するのみであった。これを新開町として開いたのが町としての神楽坂の始まりである。明治初期、主を失い荒廃した武家地を救済する手段の一つとして、花柳界を開くというのが当時、東京の随所で見られていたが、神楽坂も明治初年頃から幾つかの芸妓屋がぽつぽつ出来たことに始まり、次第に街区丸ごとを開発する大規模なものへと成っていった。『牛込町誌 第一巻』（牛込区史編纂会、1921）によれば、「明治二年（1869年）頃「りかく」ト称スル藝妓屋ヲ開業セリ」とありまた、「明治十七年（1884年）看町二十一番地ニ稲本ナル看板ヲ掲ゲタリ是レ此ノ地待合ノ元祖ナリ」、更に「明治二十九年（1896年）神楽三丁目ノ伯爵松平家ノ四谷ニ移転スルヤ其ノ他ニ大弓場、寄席等ノ設置ト共ニ其ノ他一帯ヲ更メテ花柳界ノ許可地トナリ今日ニ及ベリ。」

とあり、神楽坂が明治初年から段階的に花街として発展していった様子が窺える。

さて、ここで注視したいのが周囲の町との関連である。神楽坂周辺の明治以降の屋敷街としての再生と、神

写真1　路地の奥に広がるかつての花街

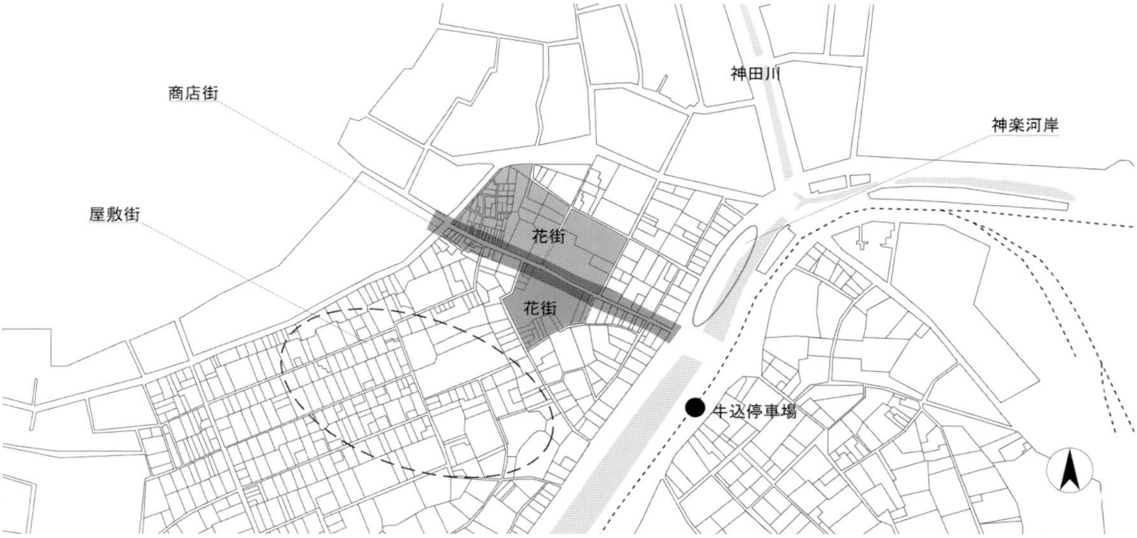

図1　坂沿いには一般の商店、路地を介して街区内に花街が展開する神楽坂は、周辺の屋敷街にとって生活の重要な拠点であった。

楽坂の盛り場として発展は時間的に共通しており、神楽坂が周囲のまちの消費によって拡大してきたと想像できる。実際に、普段の生活のなで神楽坂は地域の商店街として良く利用されており、ちょっとした買い物や食事などに出向く様子が当時の日記などには記されている。

「明治三十二年（1899年）　十二月二十日（水）

快晴されども大に寒し。午前重遠貞三晴子うめてつとビシャモンテン（神楽坂）前の新勧工場に行く。百戦百勝の画本と進物帯どめ二つ求む。晴子の人形古くなり損じたれば、此度重遠と律之助にて歳暮として求めて遺したり」（穂積歌子『穂積歌子日記1890-1906』みすず書房、1990）。

勧工場とは当時の百貨店のような物であるが、神楽坂のものは日用品がほとんどであったようである。このほかにもちょっとした散歩で立ち寄ったこと、中華料理を食べに行ったことなど、生活の舞台として神楽坂の描写が鮮明で面白い。

かつての神楽坂が、このような二面性は備えていたことは下記の引用からも分かる。

「普段着のまま漫歩する夥しい人の群れでなまめかしいお座敷着の藝妓衆が、その人中を縫って、右から左、左から右へとお出先への行き戻りに、ふりまく脂粉の香りといふものは、大変親しみ易い情感を與へていますが、これも神楽坂ならではみられぬ風俗でございます。」（蒔田耕『牛込華街讀本』牛込三業会、1937より）

妖艶な花街としての世界観と、普段着のままで訪れる気軽な商店街としての性質が混在し、溶け合っていく、神楽坂とは地域に根差した生活の拠点であった。

（高道昌志）

写真2　日用品など一般の店舗が並んだ神楽坂沿い

写真3　現在の周辺に広がる屋敷街の様子

外濠の文化と生活

舟の生活——外濠の生活 II

外濠の生活にとってもう一つ欠かせない重要な要素が、神楽河岸を中心とした舟運である。現在は再開発に伴う埋め立てでその姿を留めてはいないが、ここは江戸時代から続く交通の要所であり、地域のターミナルであった。

神楽河岸は、牛込見附を挟んで牛込濠の反対側に位置し、ちょうど外濠が神田川と合流する地点に築かれたどん詰まりの荷揚げ場である。「江戸名所図会」(1834)や、安藤広重の「絵本江戸土産」(1850)には、荷揚げされた物資や、行き交う人びと、係留された舟が描かれている。また、同じく安藤広重の団扇絵には、揚場町の舟宿から着飾った女性が舟に乗り込む様子が描かれ、江戸時代の華やぐ水辺の様子を伝えてくれる。

江戸が終わると、交通は徐々に陸上へと転換していくものの、少なくとも戦前まで舟運は生き続け、生活の要として頻繁に利用されていた。下記の引用は明治初年ごろに、夏目漱石が生家の牛込区馬場下横町(現在の新宿区喜久井町)から神楽河岸の舟を利用し都心部へと移動することの苦労を語った言説である。まだ鉄道がない時代、都市交通としての舟運の重要性が窺える。

「彼らは築土をおりて、柿の木横町から揚場へ出て、かねてそこの船宿にあつらえておいた屋根船に乗るのである。私は彼らがいかに予期に満ちた心を持って、のろのろ砲兵工廠の前からお茶の水を通り越して柳橋まで漕がれつつ行っただろうと想像する。しかも彼らの道中は決してそこで終わりを告げるわけにゆかないのだから、時間に制限を置かなかったその昔がなおさら回顧の種になる。……

帰りには元来た道を同じ船で揚場まで漕ぎ戻す。無要心だからといって下男がまた提灯をつけて迎えにゆく。宅へ着くのは今の時計で十二時くらいにはなるのだろう。だから夜中から夜中までかかって彼らはようやく芝居を見る事が出来たのである」(夏目漱石『硝子戸の中』岩波文庫、1963)。

また1889(明治23)年に外濠(拂方町)に移住してく

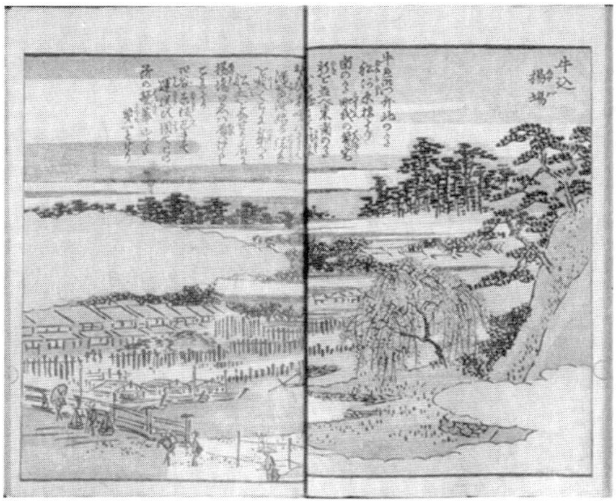

図1　安藤広重『絵本江戸土産』に描かれた神楽河岸の様子

写真1　白部分が元の神楽河岸

る法学者である穂積陳重の妻・歌子の日記では、舟が普段の生活の中で積極的に利用されている様子が生き生きと語られ微笑ましい。

「（1892年）明治二五年　四月一六日（土）……終日うららかなる好天気なり。午前十字娘二人真六郎てけれんつれ、揚場より屋根舟にて出かける。引汐なりしかば思ひの外早く大川へ出づ。浅草へ上り大金にて昼食し、又舟にて隅田川へのぼり、商業学校競漕一二番見物し、なほ上に上りて王子へ行く。豊島川の岸に舟付きしは六時頃なり。それより歩行にて飛鳥山別荘へ行く」（穂積重行『穂積歌子日記1890-1906 明治一法学者の周辺』みすず書房、1990）。

「（1896年）明治二九年　四月十一日（土）……空うららかにいといとあたたかくよき日なりけり。午前十時半旦那様と共にふさてつ柏原氏つれ、飯田橋の船宿より中屋形と云う船にて乗り出す。舟出発に律貞真らは学校帰りがけ直にここへ来て舟に乗りたり。柳橋へ行くに丁度重遠は学校より来たり、少し待ち孝子光子ふみも来り、船中にて持ち行きたる弁当たべ、女子等衣服着かえなどする。こととひ辺に来り船をとめ、旦那様柏原氏上陸して艇庫にて番付をもらひお出、又舟を上にのぼせ、決勝点の辺にとどめて短艇競漕を見る」（前掲書）。

この舟運が近代以降の周辺の空間形成に与えた影響は大きい。児玉花外の『東京印象記』（金尾文淵堂、1911）には、「牛込の橋、飯田町方下には、石や材木煉瓦を積むだ荷船が、浅い泥水に腹を浸けて居る。小石がゴロゴロザァーと音がして、傾斜した廣板の下から投げ落されている。何かの工事用だろうが、白い礫の濶躍して亦盛むなりだ」とあり、神楽河岸が資材の調達で、積極的に利用されていたことが分かる。「泥水」という表現から、水質は明治以降徐々に悪化していたようではあるが、それでも交通や輸送という観点から、神楽河岸の舟運が神楽坂の繁栄や屋敷街の形成にとって、欠くことのできない重要な要素であったことが理解できる。

本来は武家地である神楽坂周辺を、山の手一の盛り場として切り開き、屋敷街を構築したその背景には、河岸という水辺との関わりが重要な要素として存在していた。それは武家地の読み替えと再編成によって成立し、舟運との関係を足掛かりにすることで住、商、遊が一帯となった水辺の生活空間が根付いていったのである。

（高道昌志）

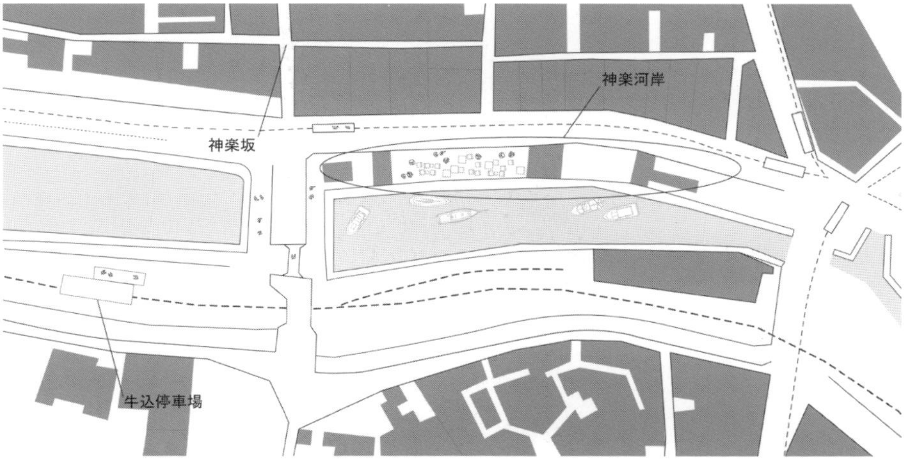

図2　明治期の神楽河岸復元図

コラム

外濠の橋

水の都市・東京には数多くの橋が存在し、外濠、神田川に架けられたなかにも魅力的なものがたくさんある。

四ツ谷駅前にある四谷見附橋は1913（大正2）年に架橋されたもので現在の橋梁は2代目にあたる。初代はバロック調の意匠が施された豪華なものだった。天皇陛下が赤坂離宮（迎賓館）に向かう際に渡る橋として設計されたためである。

御茶ノ水橋は一見すると何の変哲もないようで、高欄などの細部に注意して見ると、たいへん凝った意匠になっているのがわかる。明治期に架けられた初代のものは当時最新の技術でつくられた鋼製トラス橋だった。

すぐ横にあるのが建築家・山田守の作品である聖橋である。尖塔アーチが美しい震災復興橋で、設計当初は左右対称のデザインであったものが、鉄道の部分に橋脚がなくなり、今は非対称となっている。

昌平橋と万世橋の間には江戸時代に筋違御門というものがあった。初代万世橋は明治初期にこの筋違門の石垣を転用してつくられた東京初の石造アーチ橋である。

柳橋の高欄にはかんざしのオブジェが付けられ、かつての花街が偲ばれる。柳橋という名称は橋畔に柳が植えられていたことに由来していると言われている。

これらの橋はみなお濠の“内と外の境界”である。自由な往き来ができるいま、橋の魅力を味わいながら、此岸と彼岸の雰囲気の違いを探しに出かけてみてはいかがだろうか。

（町田正信、高道昌志）

写真1　四谷見附橋の煉瓦橋脚

写真2　新御茶ノ水橋の高欄

写真3　アーチが美しい聖橋

写真4　昌平橋

写真5　万世橋

写真6　柳橋

弁慶橋

写真は一九五五年ごろの弁慶濠の様子である。背後には赤坂の街並みが広がり、手前には路面電車の姿も見える。写真正面に見えているのが弁慶橋で、一八八九(明治二二)年に神田岩本町にあったものがこの地に移された。

明治期、この弁慶濠の土手には桜が植えられ、市内でも屈指の景勝地のひとつとして人びとに親しまれていた。そこには弁慶橋と桜、そして豊かな水と緑のある、優雅な風景が広がっていた。橋は交通という目的のためだけではなく、近代の新しい景観の担い手でもあったのだ。

(高道昌志)

水がもたらす環境

外濠の地形と水

外濠の地形と水を理解するためには、視点をズームアウトしてみると武蔵野台地や関東平野との関係性が理解しやすい。

関東平野は大きく分けて、利根川流域、荒川流域、多摩川流域の3流域に分類され、首都圏の市街地は、これらの流域の低地部に広がっている。利根川は、今でこそ太平洋へ注いでいるが、徳川幕府の江戸入城当時は東京湾へ注いでいた。したがって、外濠普請後まもなくは、東京湾に利根川・荒川・多摩川の三大河川が注いでいたのである。そして、この三大河川の注ぐ東京湾に西から東へ突き出している武蔵野台地の突端に江戸城は配置され、本丸を囲うように外濠は普請されたのである【図1】。

次に、武蔵野台地を鳥瞰的に眺めてみると外濠の地理的条件がよく分かる【図2】。外濠は、荒川と多摩川を源流とする山地を背景として、武蔵野台地に蓄えられた地下水が染みだす先端部に位置しており、起伏のある地貌と豊かな水系のもとに存在しているのである。

今日、外濠周辺を高層ビルから俯瞰すると、その起伏のある地貌を認識することは困難である。大小さまざまな建造物や統一性のないスカイラインが地形の変化を遮っている【写真1】。そこで、人工物を取り除いた地形図にして眺めてみると、外濠周辺の詳細な微地形が現れる【図3】。千代田区側の地形は外濠から急峻な法面になり、外濠公園の土手を越えると台地面になる。新宿区側の地形は、外濠から一段上がったところに斜面状の低地部が広がり、傾斜部を経て台地面に到達する【図4】。この低地部には、以前、神田川に注ぐ紅葉川が流れていた。この紅葉川によって形成された地形を利用して、現在の市ヶ谷濠、牛込濠（明治期に牛込濠が分割され新見附濠が誕生する。）が普請されたのである。

この谷まった地形が、降雨時には流水を外濠に引き

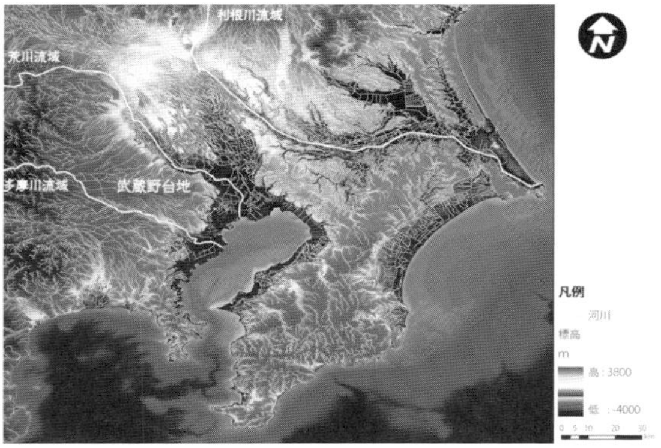

図1　外濠周辺の段彩陰影図

図2　武蔵野台地の鳥瞰図

写真1　高層ビルから眺める外濠

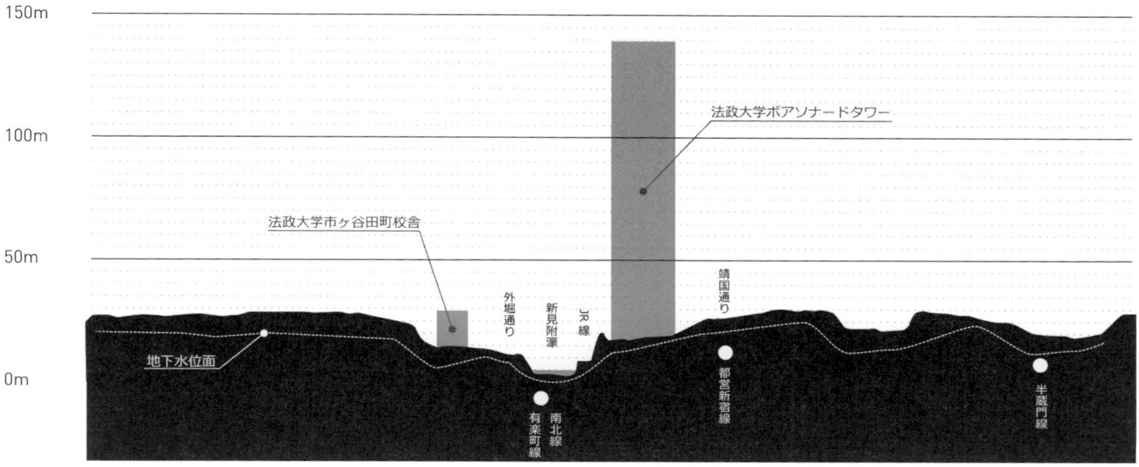

図3　新見附濠断面

込み、神田川、隅田川を経由して東京湾へ流れ込む。また、外濠周辺の地下水位面をみると、地表面より5m前後である。外濠は「濠」でありながら、水循環の役割を現代社会においても果たしているのである。

外濠の交通網について着目すると、濠沿いに外堀通りとJR線が配置されている。さらに、濠の地下空間には、地下鉄網の路線が何層にも入り組んで配線されている。これは、外濠が近代において都市施設を受け入れるための公共空間として交通ネットワーク整備に大きく寄与したことを意味している。

これら外濠の複合的空間機能を成立させているものは、紛れもなく外濠がもつ豊かな地形と水環境と都心という位置的利便性であり、今後も地形と水に配慮した都市環境の再生手法を提案していくことが望まれる。　　　　（宮下清栄、明石敬史）

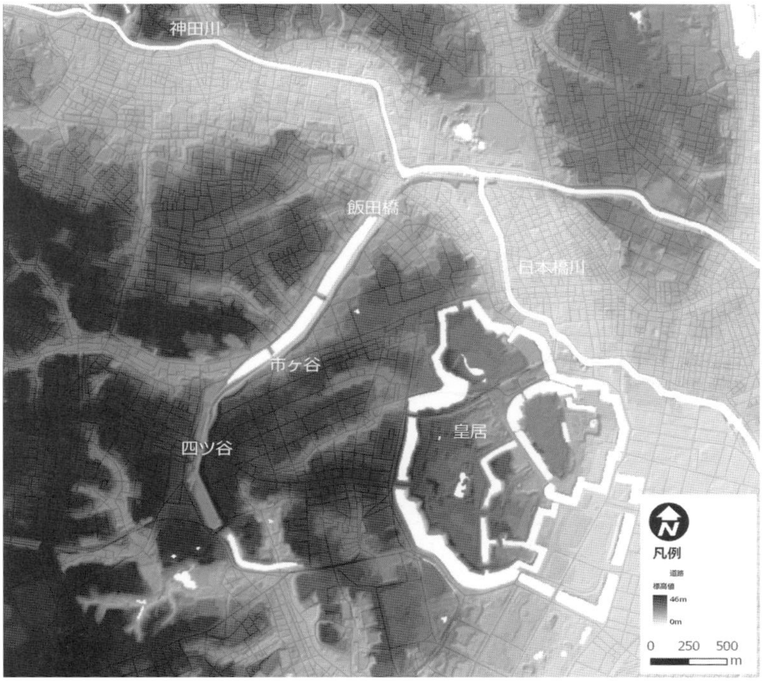

図4　関東平野の地勢と水系

水がもたらす環境

外濠の水

外濠の概要

江戸城外濠は1636（寛永13）年に築かれ、かつては延長約14kmの長大な濠であった。しかし、都市の発達や戦後の復興の折に埋め立てられ、現在水面を残しているのは、弁慶濠、市谷濠、新見附濠、牛込濠の約4kmのわずかな区間である。

外濠周辺は合流式下水道敷設地区である。合流式下水道とは、雨水と汚水を同一の管渠によって処理する仕組みであり、下水管に処理能力を超える雨水が流れ込むと、オーバーフローした未処理汚水が外濠に排出される。この結果、外濠の水質は悪化し、悪臭を発生させることとなる。濠水の滞留も水質悪化の要因である。

外濠の水質

筆者らは市谷濠、新見附濠、牛込濠を対象として、水質調査等を3年前から継続している。これらの集水域の概要を図1に示す。水質分析項目は、pH、電気伝導率EC、溶存酸素DO、各種陰イオン、各種陽イオン、ならびに全窒素（T-N）、全リン（T-P）である。

最も水質汚濁の進行している最上流部の市谷濠における今年度のT-N、T-P、EC、DOの変動を、表層部と深層部に分けて、図2〜5に例示する。

•全窒素（T-N）：窒素はリンと同様、生物の主要な構成元素で、量が増えればプランクトンが増殖し、富栄養化（水質汚濁）が進む。一般的に、降雨後にはT-Nが増大することから、し尿などの汚水の流入が考えられるが、本来雨水自体にも0.1〜0.4mg/lのNH_4^+が含有されていることからすると、明確な分離は難しい。

•全リン（T-P）：リンは窒素と同様、生物の主要な構成元素であり、プランクトン増殖の因子となる。降雨後の増加傾向は見られるが、豪雨時は雨水により希釈されるため、濃度自体は大きくならない。

•電気伝導度（EC）：ECは溶存イオン量に比例するため、全溶解物質の含有量の指標となる。

ECは降雨後に増加するが、これはSO_4^{2-}やNH_4^+ EMBED Equation.3 の酸化により生成されたNO_2^-、NO_3^-などの無機イオンが増加するためである。

•溶存酸素（DO）：DOは水中に含まれている酸素の量で、水質汚濁が進行すると有機物が酸素を消費するため、DOが減少して貧酸素化が発生し、魚類の死滅につながったりする。夏期は日照時間が長く、藻類による同化作用が活発に行われるため、表層のDOは過飽和となることもあるが、逆に、冬期は藻類が減少するため不飽和となる。また、深層部では堆積した有機物の分解により酸素が消費されるためDO値は小さい傾向にある。

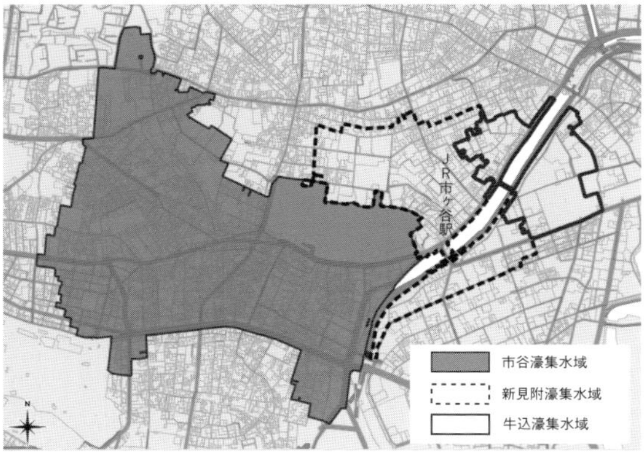

図1　各濠の集水域。平成13年度東京都土地利用図集（東京都提供）より作成

外濠の水質改善に向けた方策

合流式下水道からの未処理水放流の改善（以下、合流改善）に関しては、未処理水吐口の堰高の強化やスクリーンの設置による夾雑物の流出の抑制や、一時的な雨水貯留による下水管への流入負荷の軽減、などの対策が行われている。また、濠、湖沼などの閉鎖性水域の水質改善には、生物分解や活性炭の利用などもいろいろ試みられている。しかし、まとまった雨が降るたびに汚水が流入し続けている現状の外濠では、後者の対策は意味をなさず、汚濁の「元を絶つ」必要がある。

一方、近年、都市型洪水による被害軽減のための流出抑制策として、雨水貯留浸透施設の導入が注目されるようになってきた。特に浸透施設は、洪水流出抑制のみならず、雨水の浸透による水環境の改善、地下水涵養

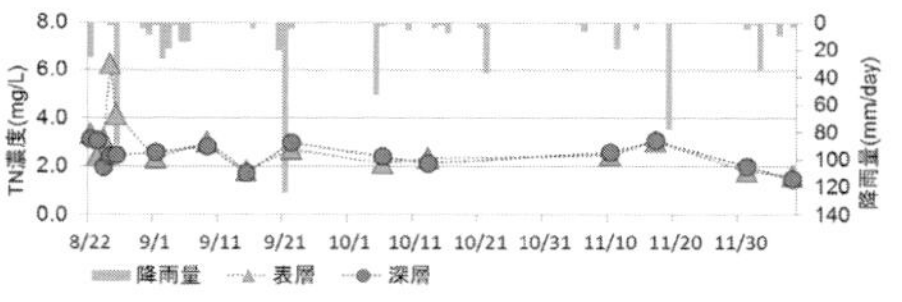

図2　市谷濠におけるT-N濃度の変化

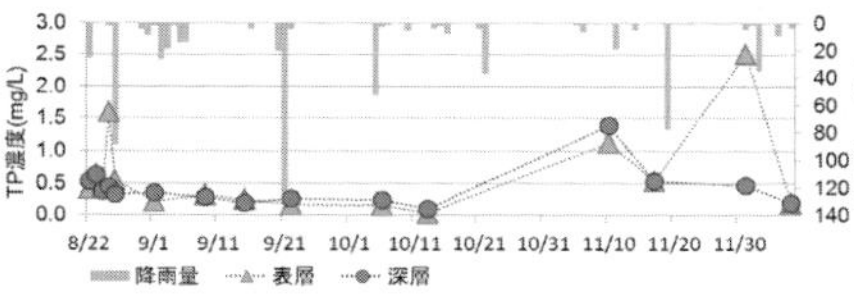

図3　市谷濠におけるT-P濃度の変化

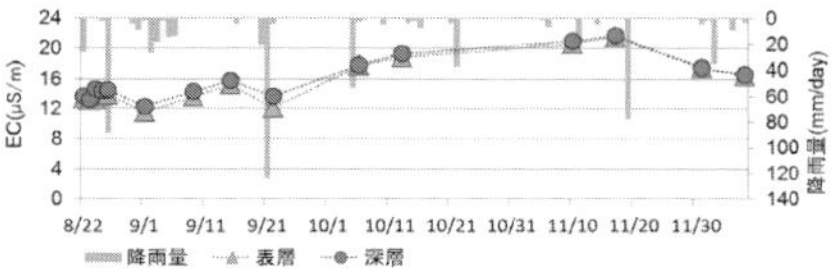

図4　市谷濠におけるEC濃度の変化

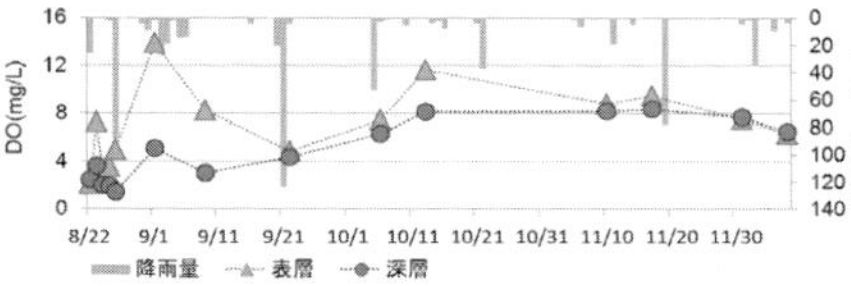

図5　市谷濠におけるDO濃度の変化

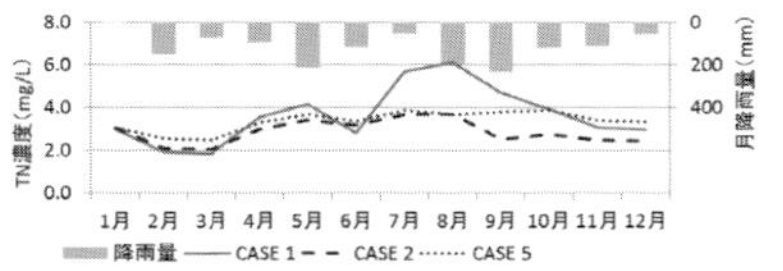

図6　市谷濠におけるT-N濃度の変化

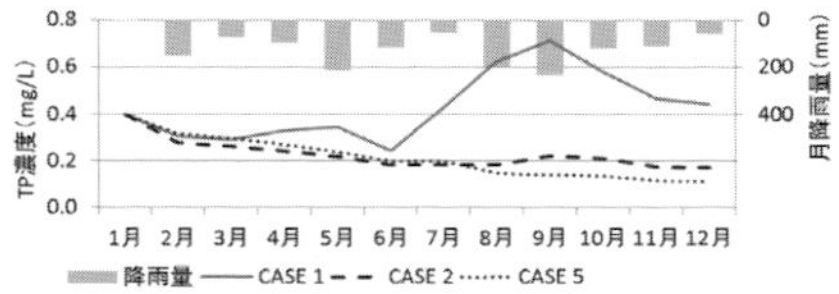

図7　市谷濠におけるT-P濃度の変化

の促進など、多面的な機能も有している。

したがって、合流改善を行うにあたり、水循環の健全化を図るのであれば、雨水浸透が効果的であるといえる。しかし、外濠における流出雨水は、濠間の水流を生む貴重な水源でもある。そこで、ここでは貯留した雨水を希釈水として外濠へ供給することを考え、貯留施設の導入による未処理水の放流抑制効果と、水質改善効果について検討した結果について概説する。

外濠の水循環・物質循環を把握するうえで、まず、濠への未処理水の流入量を把握する必要がある。これらは、下水道網の把握による管路網データの再現とそれに基づく流出解析ならびに水収支解析により推定した。また、汚濁物質負荷については、降雨中に含まれる負荷を流出経路別(屋根、道路、直接降雨)に考慮するとともに、物質の流入出特性(T-N、T-Pの流入出比、混合割合)、濠の上下層への物質流入量の区分、物質蓄積量、などを考慮に入れた。

雨水貯留施設の導入を考慮するにあたり、まず、2011年の降雨を対象とし、年間を通したモデル解析により、市谷濠における未処理汚水の流入を0とするために必要な貯留施設容量を11万m^3と推定した。ついで、施設規模を25%ずつ減らした5段階での数値シミュレーションを行った。ここで、貯留施設からの濠への雨水放流強度は一定と仮定している。これにより得られた、市谷濠のT-N、T-Pの1年間での変化を図6、7にそれぞれ示す。図中、CASE1は現状のまま(貯留施設なし)、CASE2は貯留施設規模25%(27,000m^3)、CASE5は貯留施設規模100%(11万m^3)、の結果に対応している。

全窒素(T-N)の結果をみると、夏期の濃度が改善されているものの貯留施設による長期的な改善効果は十分に発揮されていない。これは、前述したように、雨水自体に含まれる窒素(N)が意外と多いためと推察される。したがって、窒素濃度の低減には、ある程度の貯留水の処理が必要なことが示唆される。一方、全リン(T-P)については、雨水による希釈が着実な濃度低減効果を発揮し、1年間でほぼ半減するという結果となっている。また、図示していないが、SS(浮遊物質の総量)の低減効果も全リンと同様であった。さらに、CASE2、5の結果から、いずれの汚濁物質についても、施設規模がある程度確保されればかなりの低減効果が得られることが確認できた。

近年、雨水貯留浸透施設はコンクリート製からプラスチック製へと急速に移行するともに大型化も進んでいる。現在の標準的な技術マニュアルでは、貯留槽の深さ(高さ)を4mまで許容しており、これに基づけば今回のCASE2の解析結果で用いた27,000m^3規模の雨水貯留施設に必要な面積は80m四方程度である。学校の校庭、公園、公共施設などの地下空間を有効に使うことにより十分対応可能なレベルである。外濠再生のために、具体的な施策の推進が望まれる。　　(岡 泰道)

水がもたらす環境

外濠を測る

凹と凸のランドマーク

東京都心を上空から眺めると、眼下に広がる密集したビル群に圧倒される。この高密な都市空間を把握するためには、散在するランドマークを頼りに都市空間の全体像を認識し把握しなければならない。多くの場合は、東京タワーや東京ドームといった特徴のある建築物や丸ノ内や新宿副都心といったビル群が認識しやすいランドマークとなる。これらのランドマークは、人

写真1　外濠上空から新宿方面を望む

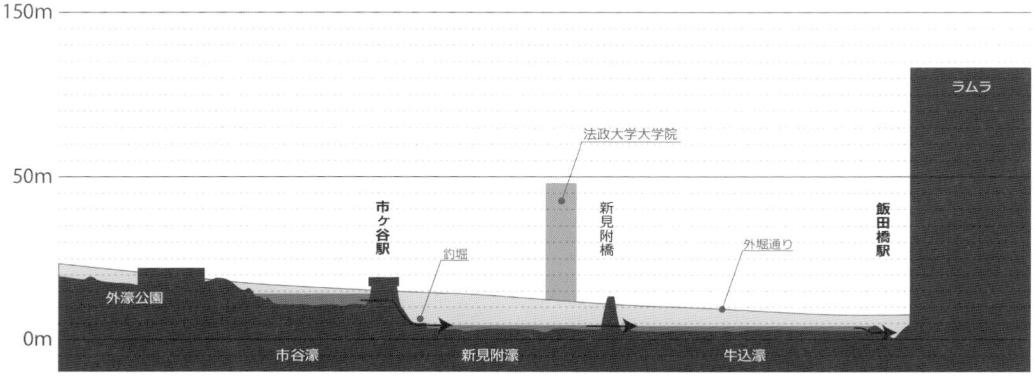

図1　外濠縦断面図

工的に建設され、大地に直立した物体である。これら直立的な「塔」のようなランドマークと補完関係にある「凹」のランドマークが、現代の都市空間に求められている。大地を削りとるように存在する「凹」のようなランドマークこそ、自然環境であり、外濠の水辺空間であると言える。【写真1】

外濠の階段構造

この「凹」空間としての外濠を縦断面からみると、土木構造物としての姿が浮かび上がってくる【図1】。自然地形の傾斜を利用して、市谷濠、新見附濠、牛込濠と順々に階段状になっていることがわかる。市谷濠と新見附濠の高低差は容易に見てとれるが、一方で新見附濠と牛込濠の高低差は少ない。これは、外濠築造当時は牛込濠として一つの濠として普請されたからである。江戸幕府崩壊後、外濠は江戸城郭の防御的機能としての役割を失った。そこで、外濠の空間的有効活用を図るために1893年に新見附土橋を築造した。牛込濠を2分割することにより新見附濠が誕生し、土橋による橋としての交通機能とダムとしての水位制御機能を併用することになった。新見附濠築造により、甲武鉄道の開通や牛込濠ボート場が誕生し外濠に賑わいが演出されたのである。

外濠の底面

次に、外濠の底面の平面図を眺めると現代の外濠が浮かび上がってくる【図2】。3つの図は、外濠にボートを浮かべ音響測深機により濠底の形状を計測したものである。

外濠の水深は、浅部は数十cmで深部では3mと濠底に起伏がみられる。各濠の深部に注目するとそこには下水口の排出口が対応して位置している。現在の外濠に流入する水の多くは、大雨時にオーバーフローした下水である。夏場のゲリラ豪雨の際には、水面が1m程度上昇することも少なくない。この下水の流入が濠底の形状に大きく作用している。また、下水の流入と共にヘドロも流入し、外濠の水質汚染の大きな要因となっている。

再生に向けた基盤情報づくり

外濠を測ることにより、土木構造物としての外濠の姿が再認識され、その空間の詳細把握が、外濠再生に向けた基盤情報が得られる。このような詳細空間情報は、単に位置や寸法を示しているのではなく、場所のもつ固有の構造システムやそこに生じる機能を表出させてくれる。空間イメージが刺激され、過去・現在・未来のイメージ・シミュレーションを可能とするものである。

外濠という歴史的土木遺産を再活用することで、「凹」空間としてのランドマークを確立することが、東京の水辺再生へと発展するであろう。

（森田 喬、明石敬史）

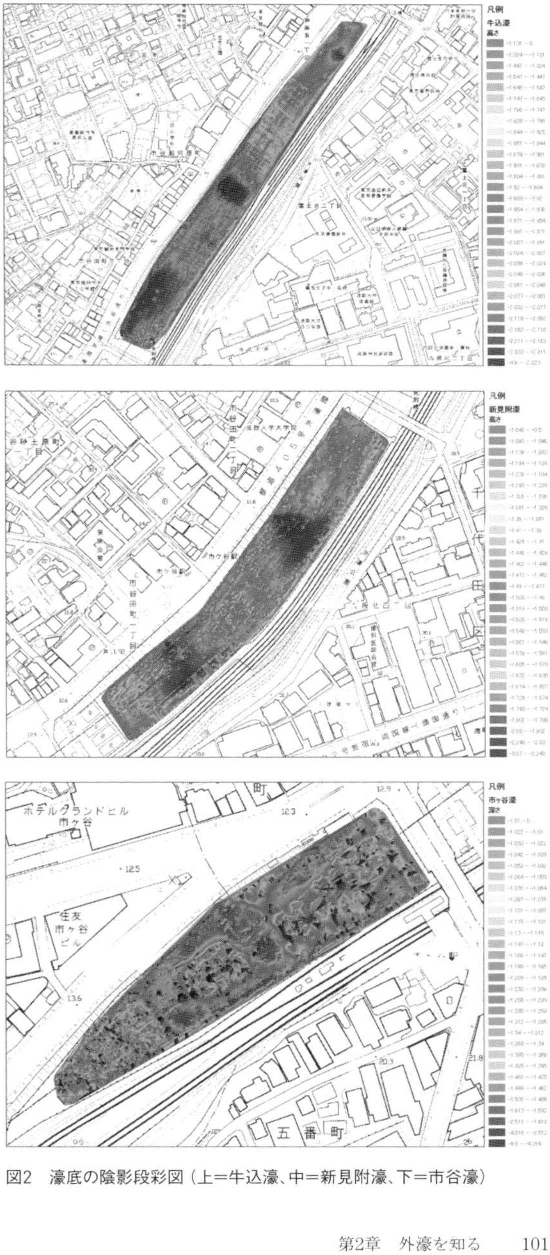

図2　濠底の陰影段彩図（上＝牛込濠、中＝新見附濠、下＝市谷濠）

水がもたらす環境

クールスポットとしての外濠

水辺は植物を養い、生物を生息させ、その景観は人びとを和ませる。環境面、とくに温熱環境から見ると、水は地表面を日射遮蔽して太陽光吸収を減少させ、水分蒸発による湿気冷却効果を伴って都会でのクールスポットとして機能し、ヒートアイランド効果や温暖化に対し多少とも寄与するとしたら望ましいことである。このような観点から、外濠周辺で気温の測定を行ってみよう。

環境測定は定点観測と移動観測とによる。定点観測は市ヶ谷橋上に、風速（高さ3m）と温湿度（高さ1.5m）を測定期間中に継続記録する。移動観測は観測者が温湿度計を持ち手動で測定し、次々に移動して多数点でデータ収集する。地上の測定は図1上の小さな点で、4〜6人の観測者により手分けし、とくに線状に温度変化を細かく検討するには、6つの道に沿って5mごとに計144の地点で測定する。外濠の水面上については、ボートを用いて水面から鉛直分布を計測した。温度の測定は二重筒（150mm ϕ、長さ300mm）のなかにセンサーを入れて日射などの放射成分の影響を除去した。また、移動している間に温度の変化が多少あるので、固定点での温度のトレンドを考慮し修正した。

観測日は2007年7月27日および9月4日で、ともに最高気温は32℃程度、ほぼ快晴の盛夏らしい気候である。

図1　観測点（★＝定点観測、○＝移動観測点）

気温の水辺分布の結果を図2および図3に示す。午前11時[図2]では、東からの風（平均1.9m/s）を観測している。外濠北側（北西側）の領域は斜面のため、日射受熱により33℃前後を示し、外濠近傍の気温31℃より2〜3℃高い。

最も暑くなる14時[図3]では、WSW（西南西）の風向（平均風速1.2m/s）で、新見附橋周辺では31.2℃、31.7℃と低温度であり、外濠の冷えた空気が多少なりとも新見附橋周辺と東領域に影響していることを示唆している。これに対し、JR市ヶ谷駅周辺は幹線道路で多少渋滞が見られ、33.4℃の高温を観測した。

図4は、新見附橋を通る道路に沿った温度分布である。新見附橋上の道路は自動車などの発熱源があるため気温が32℃以上の領域が見られるが、新見附橋の南側には橋より約1.5℃低下しており、外濠の冷却によるものと思われる。

図5は、外濠の水面からの温度の鉛直分布で、新見附橋から北西（飯田橋方面）に約300m地点での断面である。測定高さは水面より0.5、1.0、1.5、2.0、3.0m、土手周辺では土手の地面より0.5、1.0、1.5、2.0mの高さで計測した。図より、外濠内部水面では大きな変化はないが、図中cの鉛直分布を見ると、水面のほうが低い温度になっている。なお、絶対湿度については、外濠周辺よりも外濠内が高く、外濠内では水面付近は高く、鉛直方向に高くなるにつれて絶対湿度は下がる傾向にあった。

外濠は60m程度の幅（水面部分の幅）と面的に大きくはなく細長いので、冷却効果は顕著ではないが、陸地部分が日射や交通車両などで高温化していても、クールスポットとしての効果は期待できそうである。

（出口清孝）

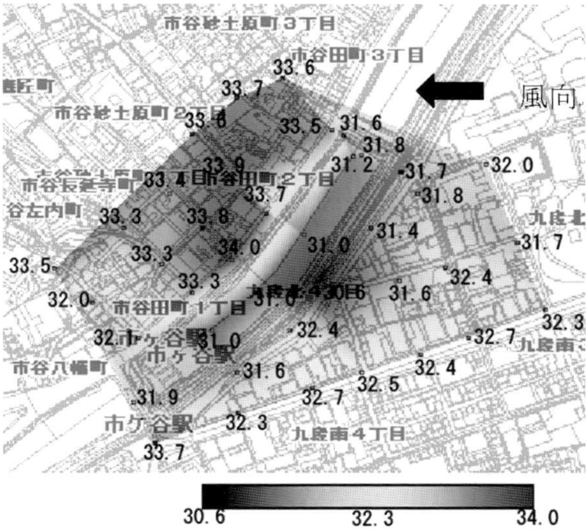

図2　11時の水平温度分布（2007年7月）、平均風速1.9m/s

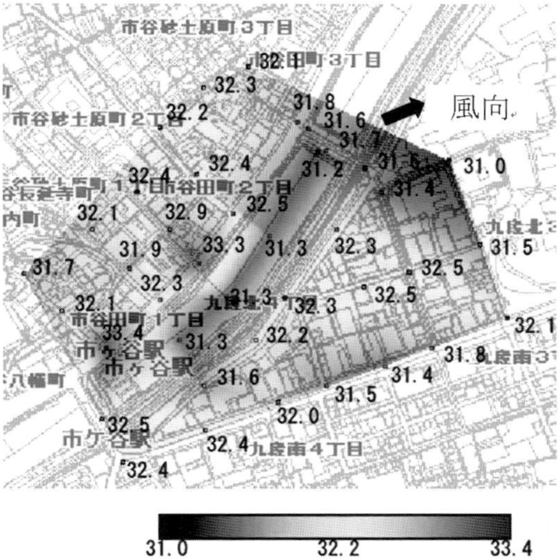

図3　14時の水平温度分布（2007年7月）、平均風速1.2m/s

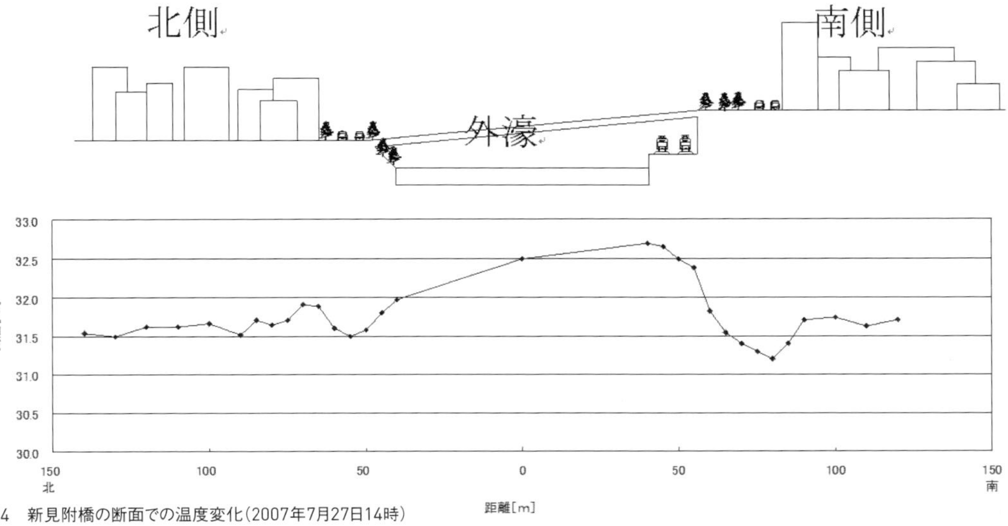

図4　新見附橋の断面での温度変化（2007年7月27日14時）

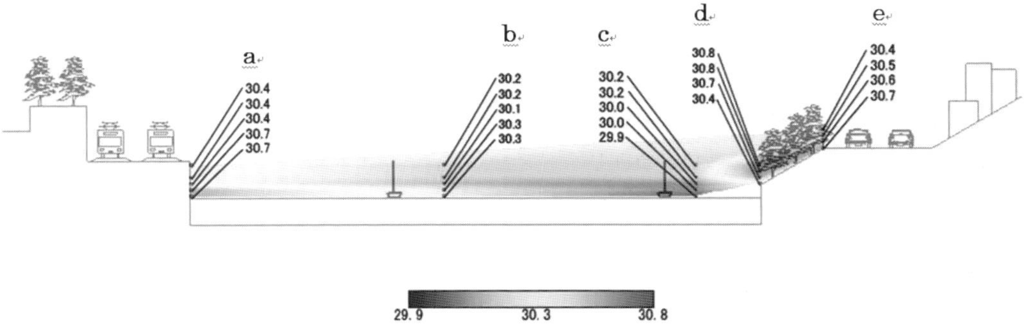

図5　外濠水上の鉛直温度分布（2007年9月4日13時）

水がもたらす環境

外濠周辺の風

近年、都市部において地表面被覆の人工化、人工排熱の増加、都市形態の変化、ライフスタイルの変化等によりヒートアイランド現象が深刻化している。とくに東京などの大都市では急速な都市化の進展により、地球温暖化の数倍のスピードで気温上昇が進行していることはよく知られている。

地表面被覆がヒートアイランド現象と深いかかわりがあることは多くの研究によって明らかにされている。とくに、樹林地や農地、河川、公園等のオープンスペースはヒートアイランドの緩和に効果的である。緑地の構成要素である植物には水分の蒸散作用があり、気化熱が奪われて低温化する機能があるからである。このような機能から都市地域のヒートアイランドを緩和するクールアイランドとしての可能性が緑地や水辺空間には期待されている。

そこで、気象庁の2010年8月17日のデータ(気温は35.5℃、湿度44%、風速は4.8m/s、風向は南東)をもとにして外濠周辺の風環境・外部熱環境をシミュレーションした結果を図1及び図2に示す。外濠や靖国神社、公園などの大規模緑地や水辺が低温域を形成しこの地域のクールスポットとなっていることがよくわかる。実際の熱環境をサーマルカメラで法政大学の大学院棟から撮影したものを図3に示す。図は14時台のものであるが、建物壁面の表面温度もかなり上昇し、緑地についてもさらに上昇しているが、水面に関しては反射によってビルの表面温度が写り込んでしまっている部分を除けば、水面自体の表面温度はほとんど変化していない。

さらに、風が吹けば涼しくなることは誰もが体感して

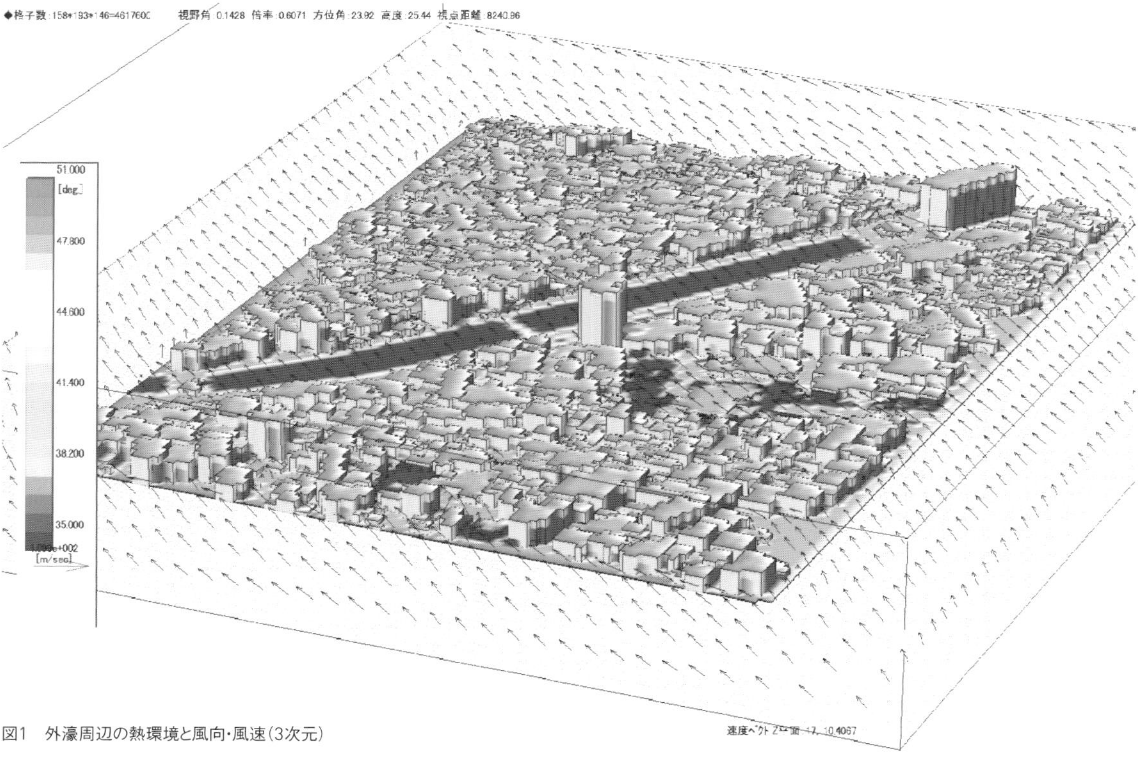

図1　外濠周辺の熱環境と風向・風速(3次元)

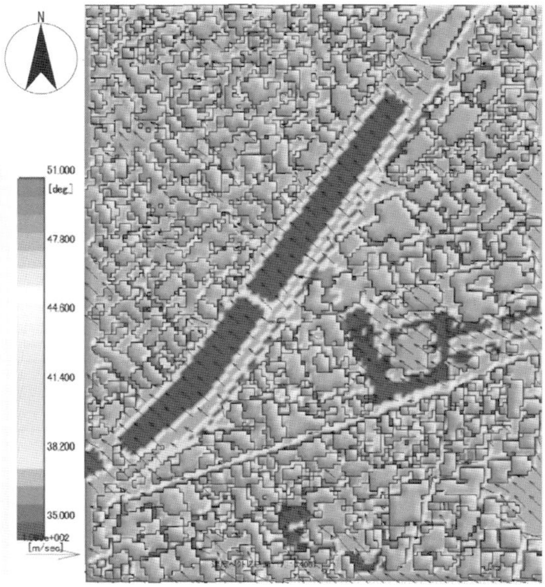

図2　外濠周辺の熱環境と風向・風速

図3　外濠の熱環境

いることである。そこで、海風や山風によるヒートアイランド緩和効果を期待したまちづくりが実践されている。「風の道」によるまちづくりである。

このような観点から、外濠は都心の大規模な環境インフラとしての役割が大いに期待される。

図4は図1と同じ条件で風環境のみをシミュレーションした結果を示している。

地表面から1m、10m、20m、30mの高さによる風速の違いを表現しているが、地上1mでは外濠や大規模公園、広幅員街路の他に宅地内のオープンスペースでも微風が吹いているところを判別できる。10mの高さでは建物に遮られ、1mの高さとあまり違いはないが、靖国神社は全域で風が流れ、新宿区側でも風が流れている地区が多くなっている。さらに、高層建物周辺では風が強くなる「ビル風」の影響が表れている。20m以上になると、新宿区側ではほぼ全面で風が流れているが、千代田区ではまだ建物の存在により空白地区が存在する。高層建物周辺にも強い風が流れているのが顕著に判別できる。この現象は30m以上になるとより顕著になる。また、この結果から季節による変化は風向の違いが大きく、風の存在はほとんど相違がみられないことが示唆された。　（宮下清栄）

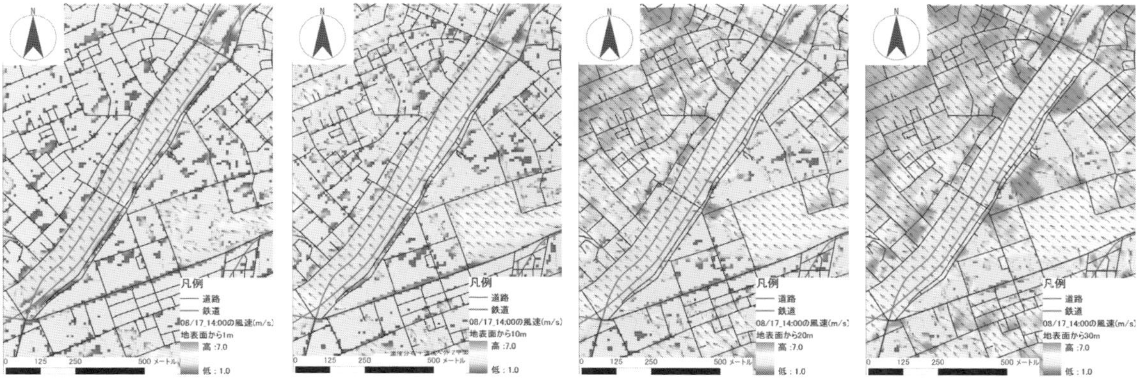

図4　風環境（左より順に、地表面から5m、10m、20m、30mの環境を示したもの）

水がもたらす環境

外濠の空再生

外濠の歴史景観

江戸城外濠は、当時の建設技術や江戸城の規模と仕組みを知るうえで重要な文化財的意義をもつとともに、都心環境の貴重な水辺と緑の景観を提供している【写真1】。しかし、この外濠は江戸から東京への都市づくりのなかで、その多くが埋め立てられた。周辺には高層の建物が立ち並び、歴史的景観がなくなり、現在もその姿は失われつつある。最近この周辺では高層マンションが計画され、建てられており、建物の高さによって空の環境も悪くなっている。

外濠地域は江戸時代から続いてきた都市として、その価値を保ち続けていくべきである。それに適した都市計画を慎重に行い、未来にその価値をつなげていく必要がある。そのためには、外濠周辺の空の空間を把握し、景観の現状や将来の問題点を予測することが重要で、今後の保存と改善策について役に立つと思われる。外濠のもつ独特の地形がつくり出す大空間の、現在の明るさや開放性を数値で表し、その場所について空の空間を天空率の手法で視覚的分析を行い評価してみたい。

写真1　外濠の風景

天空写真で空を見る

山の手側（牛込台地）、皇居側（麹町台地）の両側それぞれの外濠沿道約1.8kmにおいて、100mごとに18のポイントを設定した【図1】。これらのポイントをもとに天空率を分析し、そのポイントことに客観的数値による明るさ、開放感について評価した。立点である目線の高さは人の平均値を想像して地上1.5mとした。天空写真は魚眼レンズ（Nikon Fisheye）を使い外濠に近い歩道の中心で撮影を行った。

天空率とは、ある地上の1点から空を見上げたときの視野空間に対する天空の占める割合をいう。例えば、海上では天空率は100%であり、地下室では0%である。

視野空間に建物のみ存在する場合、緑のみ存在する場合、建物と緑が存在する場合の3パターンの値を求めて分析し、そのポイントに対して明るさや開放感を評価することができる。

3パターンで空を見る

建物のみ存在する場合

図3は各ポイントの天空率を表したグラフである。一番高い値がポイント6の99.8%である。橋の上のポイントは他のポイントよりも建物までの距離が長くなるので、天空率の値が橋の上では高くなる。そして、他のポイントではそれよりも低くなると考えていた。しかし、それ以外のポイントも高い値である。そのため全体の平均値は94.32%であり、とても開放的で明るい空間であるといえる。

グラフを見るとポイント22とポイン

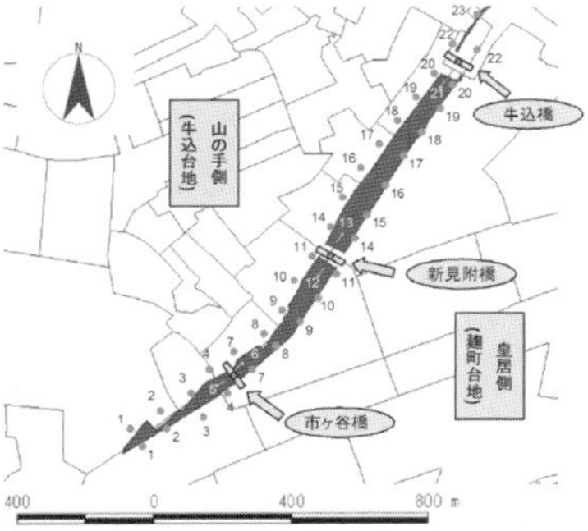

図1　外濠の測定ポンイト

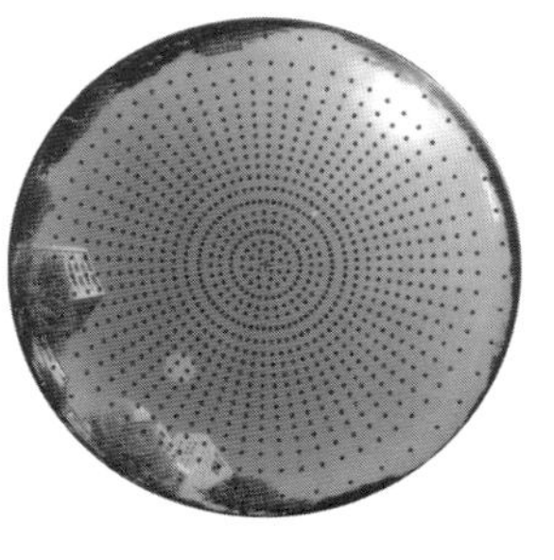

図2　魚眼レンズによる天空率算定図

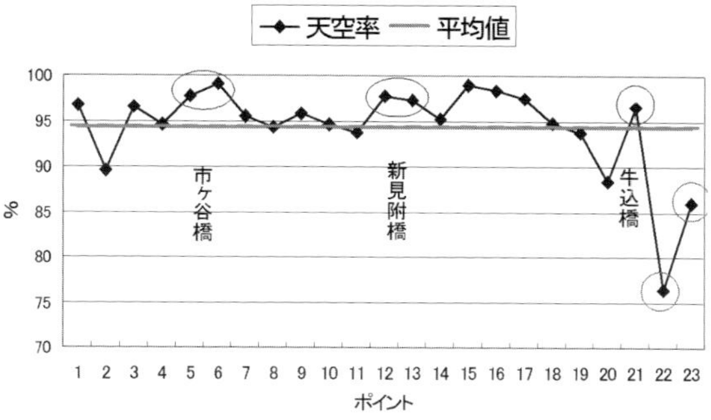

図3　各ポイントの天空率（建物のみある場合）

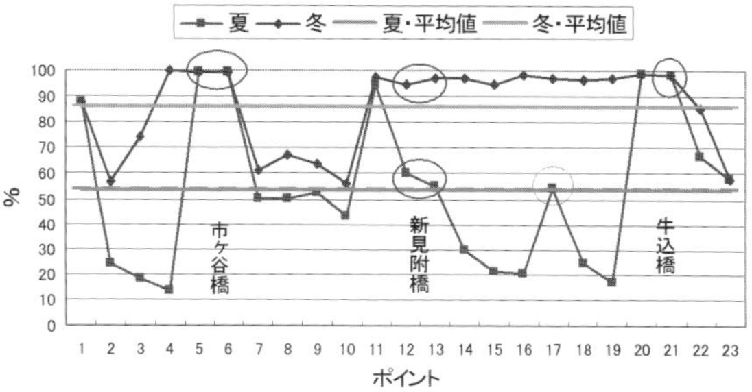

図4　各ポイントの夏と冬の天空率（緑のみある場合）

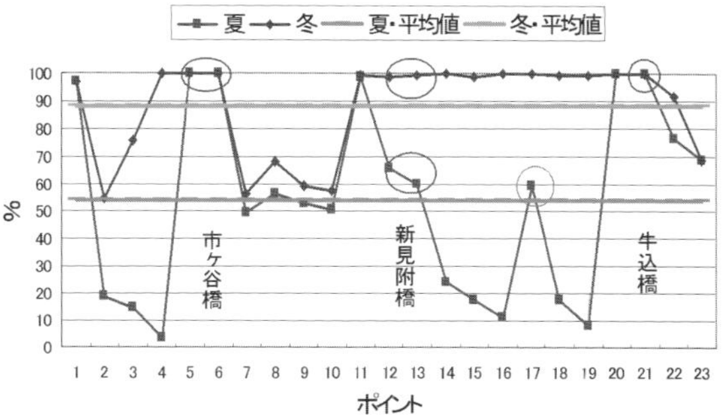

図5　各ポイントの天空率（建物と緑がある場合）

ト23が高い値であるとはいえるが他の値よりも低い。ポイント22は76.4%で一番低い値である。この場所は濠が埋め立てられて建物が立っているところであるため、ポイントから建物までの距離が近く、建物高さが75mである。

緑のみ存在する場合

図4は緑の葉がある場合と無い場合を夏と冬に分けて表した各ポイントの天空率である。夏の平均値が54.41%、冬の平均値が88.08%となり、その差は33.67%である。冬のほうが夏よりも約34%が高い。ポイント3、4、15、16、19の夏は20%前後であることは緑で80%を占めることになる。夏は街路樹により空を緑で遮っているから値が低くなり、冬は夏に空を遮っていた葉が落ち、光が入ることで明るい空間となる。分析ポイントに植わっている街路樹はすべてトウカエデと桜である。夏のポイント17だけが急に値が高くなっているが、ここは街路樹の枝が切られていて葉が少なくなっているためである。

橋の上のポイントは新見附橋の夏の時期を除けば、どこの値も非常に高く、99%を超えている。新見附橋は市ヶ谷橋や牛込橋と違い、緑が多いため夏の値はポイント12で65.9%、ポイント13で60.2%となり冬の値に比べると約30%低くなる。

建物と緑の両方が存在する場合

図5は建物と緑が両方存在する場合の各ポイントの夏と冬の天空率を表したグラフである。夏の平均値が50.77%、冬の平均値が83.77%である。その差は33%である。

グラフの形は緑のみある場合と似ているが、値は全体的にそれよりも低くなっている。それは建物が加わったことにより、緑と建物が重なっている部分を除いた建物の部分の面積だけ空が見えなくなるからである。即ち、夏の空はコンクリートの建物は見えずわれわれの視野は緑が覆われているように見える。

外濠の空の大空間

天空率の場合、外濠がないポイント22と23は他よりも低いが、それでも各ポイントの天空率の平均値は94.32%と高い値である。夏と冬で平均値の差は33.67%もある。占空率の平均値は72.52%であり、夏と冬の平均値の差は27.28%である。新見附橋においての変化が最も大きい。この場所が3つある橋のなかで緑が多く存在する。葉の有無によって値は大きく変わるため、夏と冬に分けると夏には天空を緑がおおい、冬には明るく開放的な空間になる。このように当たり前のことが数値的にその空間量を表すことにより言葉で表現できない空が読める。麹町台地は牛込台地より標高が高い飯田橋駅西口においても同様であり、再開発によって景観に閉鎖感が出てしまうことになる。再開発による空間はすべての値が外濠の大空間を損ねる結果になる。外濠の広がりと建物の高さとのバランスが大切であるといえる。外濠の環境の再生が空の再生への弾みになることを期待したい。　　（朴賛弼、高橋賢一）

外濠周辺の緑地

東京都心の緑地分布を高解像度の人工衛星データのフォールスカラー画像で図1に示す。皇居を中心に日比谷公園、赤坂御用邸、新宿御苑、浜離宮恩賜庭園、青山霊園、明治神宮外苑などの江戸時代の大規模な緑地資産が存在する。さらに、明治神宮をはじめとした新たな都市公園の分布により都心には緑が多く存在し、環境インフラの基盤となっていることがわかる。

図2に標高を5倍に拡大し、人工衛星データのフォールスカラー画像を張り付けた鳥瞰図を示す。外濠周辺に着目すると皇居、靖国神社の大規模緑地と外濠公園の線的緑地が存在するほかに、住宅地内にも小規模緑地がまだ多く存在していることがわかる【図3】。これからのまちづくりでは水と緑を中心とした自然環境再生が都心の環境向上には必要不可欠である。

そこで、水や緑の自然面を「みどり率」と定義し、抽出したものを図4に示す。外濠の水面、外濠公園、靖国神社の大規模な緑地が存在し、その他小規模な緑地が存在しているのが読み取れるだろう。

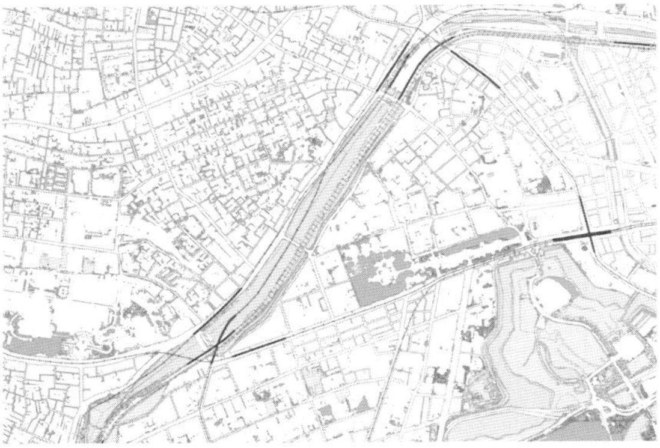

図4　外濠周辺のみどり率

これらの緑地のネットワーク化が重要と考え、10㎡以上の緑地を抽出し、生物多様性にも寄与するために20mの圏域を設定した画像が図5である。これは20m移動すれば10㎡以上の緑地に到達することを意味している。小規模緑地でも連担することによりかなり存在していると思われる。今後、都心で緑地を増やすには屋上緑化や壁面緑化が有効である。とくに、この地区には4～12階の中層建築物が多く存在しているため、これらの緑化を積極的に行うことにより、緑地ネットワークの空白地域を補完することが可能と思われる。

（宮下清栄）

図3　外濠周辺の緑地分布

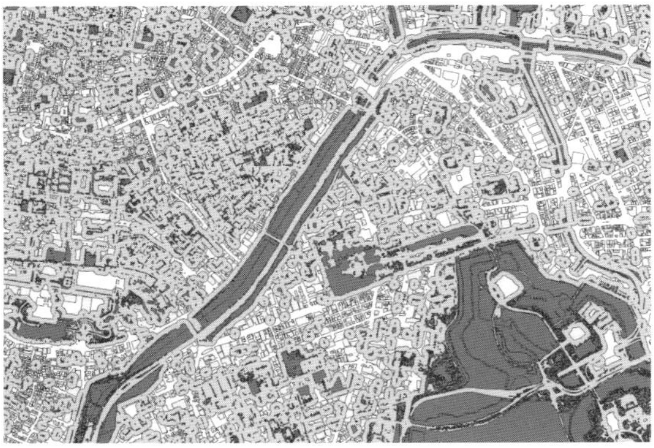

図5　10㎡以上の緑地の20mバッファ

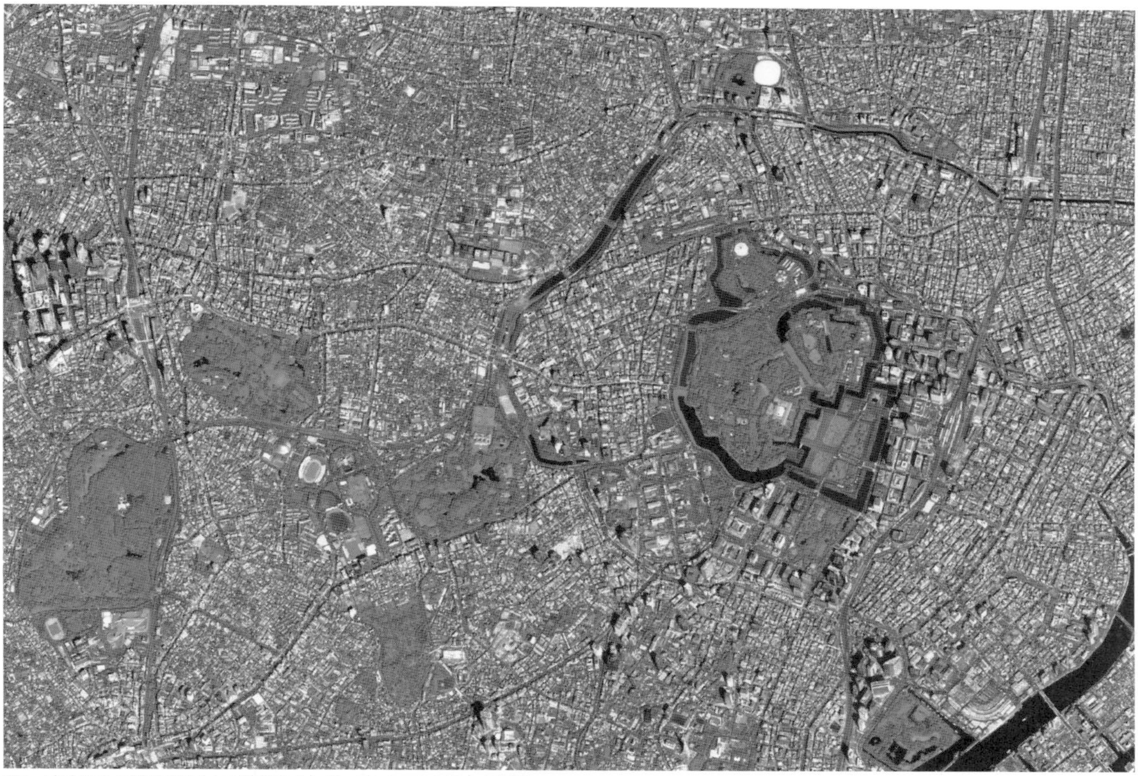

図1　東京都心の緑地分布（人工衛星Quick Birdのフォールスカラー画像）

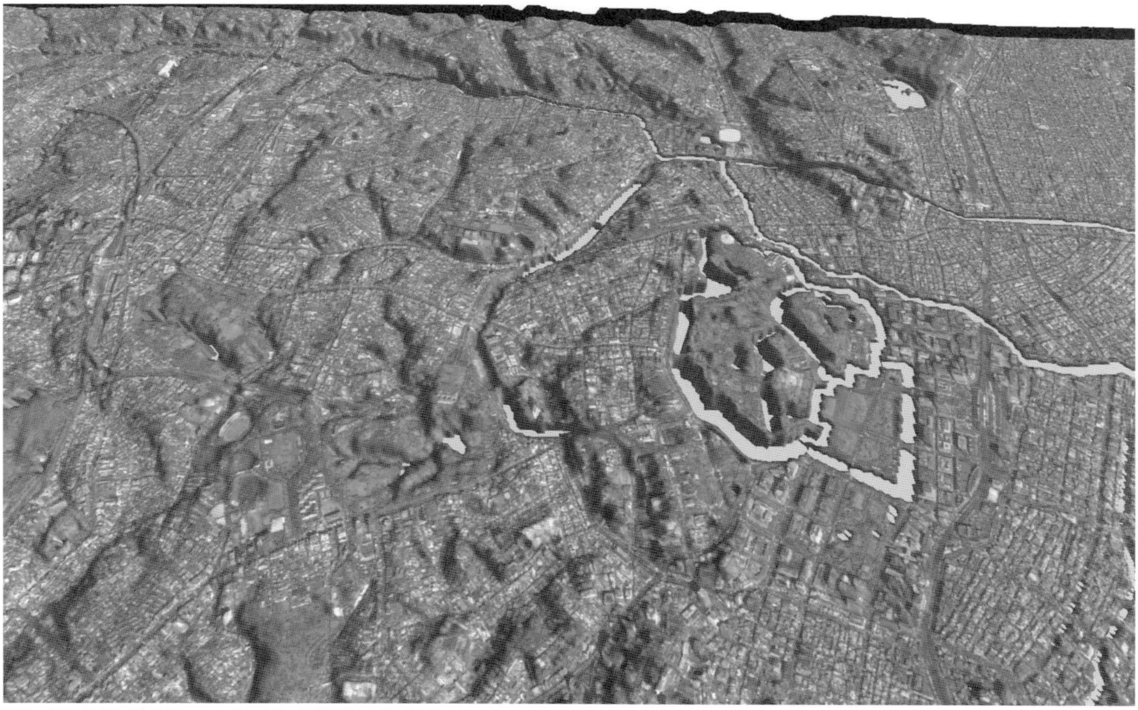

図2　標高（5倍に拡大）にフォールスカラー画像を貼り付け画像

コラム

外濠周辺が高層化したら

現行の都市計画では容積率規制を全面導入し、絶対高さ制限を撤廃した。さらに総合設計制度をはじめとした容積率緩和制度が拡充し、土地の高度利用として建物の高層化が促進されている。

わが国では急激な人口減少社会を迎えているが、東京都心はまだまだ人口増加が著しく、今後も継続すると予想されている。このため、都心の市街地再開発による複合的な高層建築がますます新築される可能性が高まっている。

飯田橋周辺の外濠沿線の高層建築としては、市街地再開発事業として1986（昭和61）年に完了した飯田橋セントラルプラザが飯田掘を埋め立て建設されたが、その後、法政大学ボアソナードタワー、富士見2丁目北部地区の再開発によりプラウドタワー、ステージビルディングなどの高層建築物が建設されてきた。さらに飯田橋駅西口地区の再開発の計画がなされ、この開発では画期的なことであるが，環境モデル都市として千代田区内の業務の平均二酸化炭素排出原単位の6割以下とする建物の省エネルギー化やCO_2の削減を地区計画として定めて、2棟の超高層建築が着工されている。低炭素型社会に寄与する計画であるが、一方で外濠を中心とした都市景観としての是非をめぐって議論されはじめている。

また、新宿区側の東京理科大学の再開発でも高層建築が計画され、新宿区と高さ制限等が話し合われたが、最終的には断念したと言われている。

今後も都心市街地の敷地統合により、容積率割り増し制度を利用した高層建築が林立することが外濠の景観のあるべき姿であるか、みなで議論する必要があると思われる。図1は現状の都市景観であり、図2は現状での開発計画後の姿を示したものである。図3は外濠周辺が敷地統合による再開発により高層建築物が林立した場合を仮定した予測図である。

低炭素社会に向けて環境に配慮しながら都心の貴重な歴史・エコ資源としての外濠空間の景観整備方針を定めることが早急に求められている。

空が開けている「からっぽ」の復権を改めて考えてほしいと願っている。

（宮下清栄）

図1　現状（新見附橋より）

図2　開発計画後（新見附橋より）

図3　高さ60m案（新見附橋より）

牛込濠と牛込見附

これまで大規模な開発がほとんどなかった外濠周辺（とくに市谷から飯田橋にかけて）では、周囲に目立った高層建築はほとんどなく、開放的な環境を現在まで維持してきた。しかし近年、外濠周辺にも多くの高層ビルが建設され、その景観を大きく変えようとしている。

写真は昭和初期の牛込濠と同見附の様子であるが、飯田橋駅（写真左上の三角屋根の建物）の背後、神楽河岸の暗渠に建つ「ラムラ」はなく、対岸の千代田区側の様子も今とは大きく異なる。

まだ周囲に高層ビルがない時代、外濠は今以上に開けて開放的な空間であった。（高道昌志）

神楽河岸

「ラムラ」が建つ以前、つまり暗渠となる前の神楽河岸は、市谷・飯田橋周辺と、神田川の舟運を繋ぐ、重要な結節点であった。この神楽河岸が、周囲の地域形成に与えてきた影響は大きい。陸上交通がまだそれほど発達していなかった、明治から戦前までの期間においてはなおさらだろう。

　写真は、昭和初期の神楽河岸の様子である。何隻もの船が係留され、河岸地が積極的に利用されている様子が窺える。

　外濠の高層ビルの足元にも、懐旧の情をかきたてる土地の記憶は潜んでいる。

（高道昌志）

外濠の神社と寺

永田町・山王日枝神社の裏参道
写真＝鈴木知之

神楽坂・善国寺

九段・靖国神社

神楽坂・花街稲荷

赤坂・氷川神社

市谷亀岡八幡宮

飯田橋・東京大神宮

石垣

永田町・日比谷高校わき・新坂

市谷船河原町・逢坂

飯田橋・牛込御門

市谷鷹匠町・芥坂

階段・坂道

四谷・須賀神社

市谷砂土原町・鰻坂

赤城元町・赤城坂

四谷・三栄町

第3章

外濠をみる

法政大学ボアソナードタワーより外濠を望む
写真＝鈴木知之

外濠を歩く

外濠の四季

外濠に沿って歩くとき、見どころのひとつは、石垣をはじめ、要所に残る江戸の面影だろう。しかし、外濠の魅力はそれだけではない。水と土手の植物が四季それぞれに味わいのある風景をつくり出している。

ここで季節を感じて歩く、外濠土手沿いの楽しみ方を取り上げたい。124ページからは、外濠周辺のまちあるきコースを紹介する。わずかな空き時間の気軽な散歩も楽しめるし、周囲のまちを訪れて一日中遊ぶこともできる。赤坂見附（永田町）、四ツ谷、市ヶ谷、飯田橋といった駅が近く、通勤・通学の折に一駅手前で下りて歩いてみるのもよいだろう。

千代田区側の土手上の道は、通りよりも高くなっている。階段を上がると、木々に囲まれた散策路が続く。濠ごとにも個性があって、時間をかけて歩けば、違いが楽しめる。

試みに、四谷から飯田橋まで、千代田区側を歩いてみよう。

真田濠沿いは、東側に上智大学キャンパス、西側に同大学グラウンドがあり、いつも学生の声が聞こえる。ここには枝が大きく張り出した桜が多く、場所によっては身を屈めなければ通れない。春には桜の花を落とさないように気をつけながら歩くこともあるだろう。四ッ谷駅付近で土手を下り、石垣の側を上って歩き始める市谷濠沿いは、比較的道幅が狭く、木々が茂り、森の小道にいるような気分にさせてくれる。下の道の様子が見えにくく、緑が濃い季節になると周囲とは別世界のようである。

市ヶ谷駅付近で一旦土手を下りて道を渡り、新見附濠、牛込濠と歩いていく。どの濠沿いにもベンチや小さな腰掛が設けられており、このあたりはテーブルもあるから数人で訪れると、ゆっくり話せるポイントにもなりそうだ。お昼どきには日当たりのよい場所から埋まっていく。初夏には日陰が、冬が近づくころには暖かそうなところが人気だ。

ほかにも、見たいものはたくさんある。たとえば、新宿区側（外堀通り沿い）の桜、ホテルニューオータニの庭

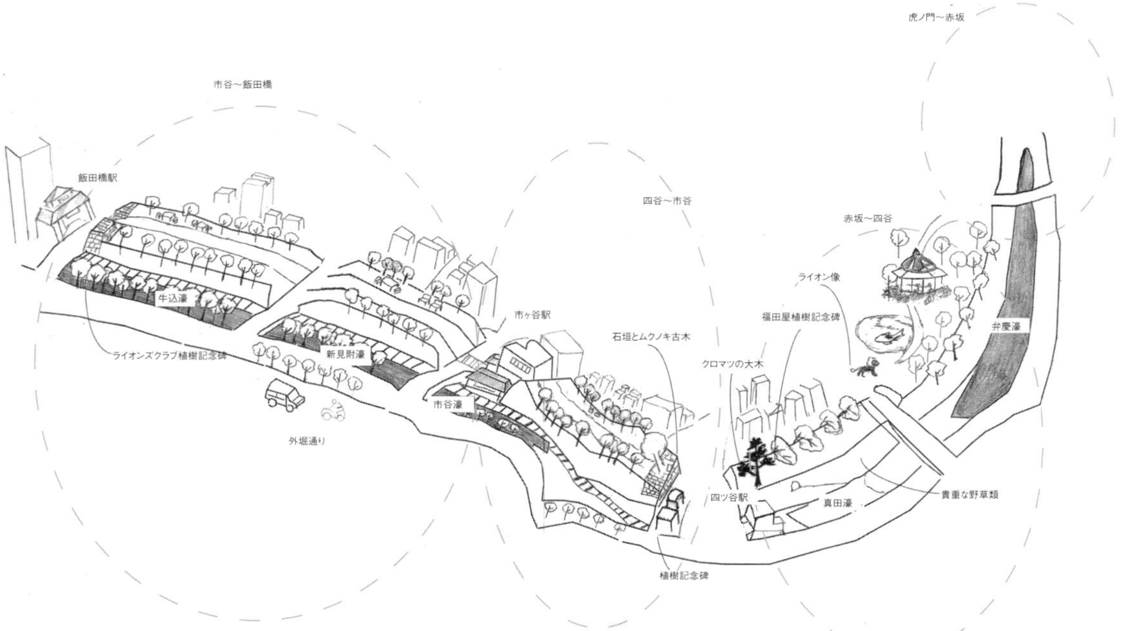

園、集まってくる水鳥の姿……。楽しみ方も色々で、絵を描く人、カメラを構える人などが見られる。ギターやオカリナといった楽器の音が聞こえてくることもある。四季を通して外濠を歩き、自分なりの過ごし方を見つけてみるのもよいかもしれない。　　　　　（小松妙子）

春

春は花見の季節。千代田区側の土手にはビニールシートが並び、対岸の外堀通りでは道を急ぐ人たちも桜に目を向けている。外堀通り沿いの桜並木はライオンズクラブが植樹したもので、飯田橋駅近くに記念碑がある

夏

夏は、外濠が涼しい風を運んでくれる。特に、四谷から市谷にかけての千代田区側の土手では、日差しと照り返しから逃れ、森の中にいる気分で散歩ができる。ただし、蚊には要注意

秋

秋は、外濠でゆっくりと過ごしてみよう。井伊家中屋敷跡のホテルニューオータニにある庭園は、萩や紅葉が美しい。外濠公園の各所に設けられたベンチでお弁当を食べても楽しい

冬

冬、桜は葉を落とす。寂しいようだが、外堀通りに立つと水面や対岸が見やすくなり、この場所が濠であることが実感できる。足もとに目をやると、日のあたる斜面で昼寝をしている水鳥が見られることも

外濠散歩① 虎ノ門〜赤坂

外濠周辺の魅力は実際に歩くとよく分かる。ここではおすすめのまちあるきコースを紹介したい。

虎ノ門〜赤坂の界隈は江戸から社寺が多く、また地形の起伏が大きいのが特徴で、千代田区側の高台には日枝神社や国会議事堂、港区側の低地部には赤坂の繁華街が広がる。スタートは地下鉄虎ノ門駅。改札を出ると11番出口にはかつての虎ノ門の石垣が展示されており、その上には文部科学省のビルがそびえている[1]。江戸の三叉路から[3]、かつて海が見えたという汐見坂[4]を横目に、大倉喜八郎邸跡(ホテルオークラ)の石垣が見事な通り[5]を抜ける。城下町特有の、防備のためにつくられたクランクと明治期の新道の対比[6]を感じながら、アークヒルズの地形[7]を体験する。

久国神社[8]の蔵・井戸を見た後に、かつての武家屋敷をほうふつとさせる南部坂[9]から石垣通り[10]を抜け氷川神社[11]へ。江戸の転坂[13]を越えると一帯は江戸の町人地の雰囲気を残す赤坂の繁華街[16]。溜池(外堀通り)に架けられていた明治の橋の跡[17]を渡り、丘を登れば日枝神社[18]の境内に出る。こちら側は赤坂の盛り場とは対比的な官庁街。ここへ抜ける道が、明治時代の石垣も見事な新坂[21]で、これを下って再び赤坂へ。

赤坂に残る最後の木造料亭[22]を過ぎるとこの辺りはお寺が並ぶ通り。圓通寺[26]は江戸の時刻を告げる鐘を突いた場所。周囲では一番の高台だ。最後は谷[27]を抜けて、大階段[29]を上り、地下鉄赤坂見附駅へと帰るコース。虎ノ門〜赤坂は社寺と地形のまちなのである。

1　虎ノ門 石垣の展示

2　工部大学校門柱

6　江戸のクランク1

9　南部坂から氷川の社まで

12　氷川神社

18　日枝神社

21　新坂は官庁街への通勤路

26　時の鐘

外濠散歩② 赤坂～四谷

赤坂～四谷界隈での見どころは何と言っても、巨大な水面と土手の風景が壮観な弁慶濠・真田濠であろう。紀尾井町のニューオータニ、赤坂プリンスなどのホテル群、対岸の迎賓館など、かつての屋敷街の名残を残す界隈と、社寺が並ぶ四谷の谷との空間的な対比も見逃せないポイントのひとつである。

スタートは地下鉄赤坂見附駅から。赤坂見附の石垣[1]を抜ければ、ここはかつてのお屋敷街。宮家だった李王家の旧屋敷[3]を見た後は、大久保利通暗殺現場である清水谷公園[5]を訪れよう。かつて塀の連なった真直ぐなこの直線道路[6]が襲撃に有利に作用したという。

弁慶橋[7]を渡って濠沿いを歩く。迂曲した弁慶濠[8]の水面と土手の織り成す景観に圧倒され喰違見附[11]を訪れれば、現在上智大学のグラウンドとして利用されている真田濠[13]の巨大さに驚くだろう。土手沿いには1932年建設の上智大学一号館[16]、対岸には迎賓館の深淵な緑が広がっている[15]。新宿区側を結ぶ四谷見附橋[17]の欄干などには、1913年架橋の壮麗なバロック様式の旧四谷見附橋の痕跡が見られる。

ここから迎賓館[20]の参道[19]を抜け、四谷の谷へ下りていく。西念寺[22]の裏から観音坂[24]を下ると、長屋の名残の路地[25]がひしめく若葉町の谷[26]である。谷を見下ろす須賀神社へ上って周囲を眺めれば、寺の大屋根と深い谷の調和が四谷らしい景観を見せてくれる。

最後は新宿通りから、四谷見附へ向かう江戸時代のメインストリート[30]を抜け、四ツ谷駅でゴールとなる。

2　赤坂見附

7　弁慶橋

11　喰違見附

13　真田濠

17　四谷見附橋

20　迎賓館

21　江戸の三叉路3

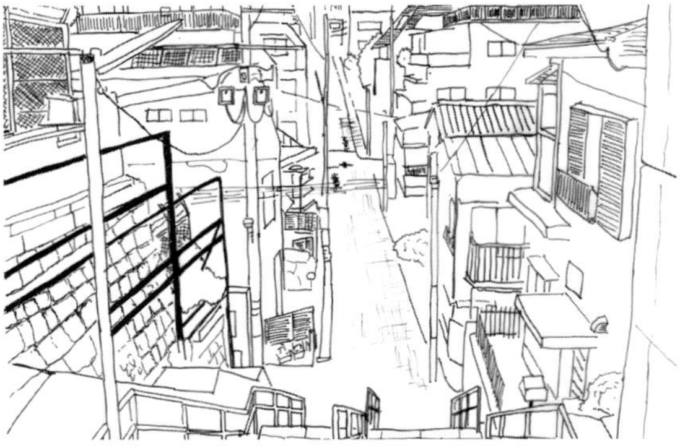

27　須賀神社の地形

外濠を歩く

外濠散歩③　四谷～市谷

四谷～市谷コースは新宿区側の斜面地が中心のルート。高台と低地部を結ぶ階段が、心地よいまちあるきのリズムをつくり出し、坂の先や建物の隙間から垣間見える外濠の緑が特徴的である。新宿区側の入り組んだ街路と、千代田区側の番町のグリッド状街区の対比も見逃せない。

スタートはJR四ツ谷駅。四谷見附の石垣[1]を横目に見ながらかつての水面[3]へと歩みを進める。外濠のスケールを体感したら本塩町へ。路地の奥へと進んでいけば狭くて急な階段[4]がひっそりと佇み、下った先には階段、坂、路地が入り組んだ江戸の四叉路[5]が迎えてくれる。地形に沿って坂[6]を下ると見えてくるのは防衛省、かつての尾張徳川家上屋敷[8]である。かつて紅葉川だった暗渠[9]を越え、いよいよ巨大な水面が姿を現す。

外堀通り[9]から江戸の名所市谷八幡[11]へと歩みを進め、左内坂[12]から外濠を眺めたら、長延寺谷の絶壁の石垣[13]へと向かい、近藤廉平（元日本郵船社長）邸跡の石垣[14]を横目に浄瑠璃阪[16]を越え、坂を上って行く。

高台の屋敷街と、低地の町人地を結ぶ階段[18]は、パリのモンマルトルを彷彿とさせる。明治期に築かれた土橋である新見附橋[19]を渡り千代田区に入る。ここから見る対岸の景色[20]は一見の価値ありである。

富士見坂[22]を上り、靖国神社[24]を通り抜け、靖国通りを越えたら、かつて武家屋敷を開き九段三業会[25]として栄えた一帯。最後に濠へ下り、市谷見附の石垣[29]を堪能して、JR市ケ谷駅がゴールとなる。

01　四谷見附

05　江戸の四叉路

10　外堀通り

11　市谷八幡

12　左内坂から外濠

18　モンマルトル階段

22　富士見坂

29　市谷見附堰堤

30　市谷見附石垣

外濠散歩④　市谷〜飯田橋

スタートは地下鉄南北線の市ヶ谷駅。ここから一気に高台へ。芥坂[1]を上り、さらに鰻坂[3]の急坂を上ると目の前に広がるのはグリッド状に割られた住宅街[4]。ここは明治期に開発された近代の屋敷街である。

地形に沿うようにうねる坂道[5]を下ると、現れるのは逢坂[6]の急斜面。石垣[9]と屋敷の塀が連なり、外濠の土手、対岸の緑が一望できる。逢坂をそのまま上ると一帯には閑静な住宅街が広がる。長い直線はかつての下級武士の屋敷街である組屋敷の跡[10]である。

くねくねと曲がる江戸道を歩き、若宮八幡[11]を過ぎ、神楽坂方面へ。銭湯、八百屋が軒を連ねる谷[13]から路地階段を抜ける。一帯はかつての神楽坂の花街。メイン通との境界には、赤い小さな鳥居も可愛らしいお稲荷さん[14]が鎮座する。坂を横切って反対側へ。ここでは計画的な直線路地による明治期の花街[15]、細い路地が複雑に組み合わさる江戸の花街[17]の違いを体験し、そのまま赤城神社[19]へと抜けていく。赤城坂[20]の急斜面を一気に下る。続いて向かうのは築土八幡神社[22]。地形を巧みに読み解いた立地がおもしろい。その先には牛込見附の巨大な石垣[24]である。

やや迂回しながら東京大神宮[26]に出ると、その先にはここでも路地の奥にはお稲荷さん[27]。富士見町の地形[28]を体感したら、江戸時代は原っぱであった蛙原[29]に出て、最後は旧牛込停車場の石垣[30]を見ながらJR飯田橋駅でゴールとなる。

（高道昌志、荻山陽太朗、中川達慈、吉田琢真）

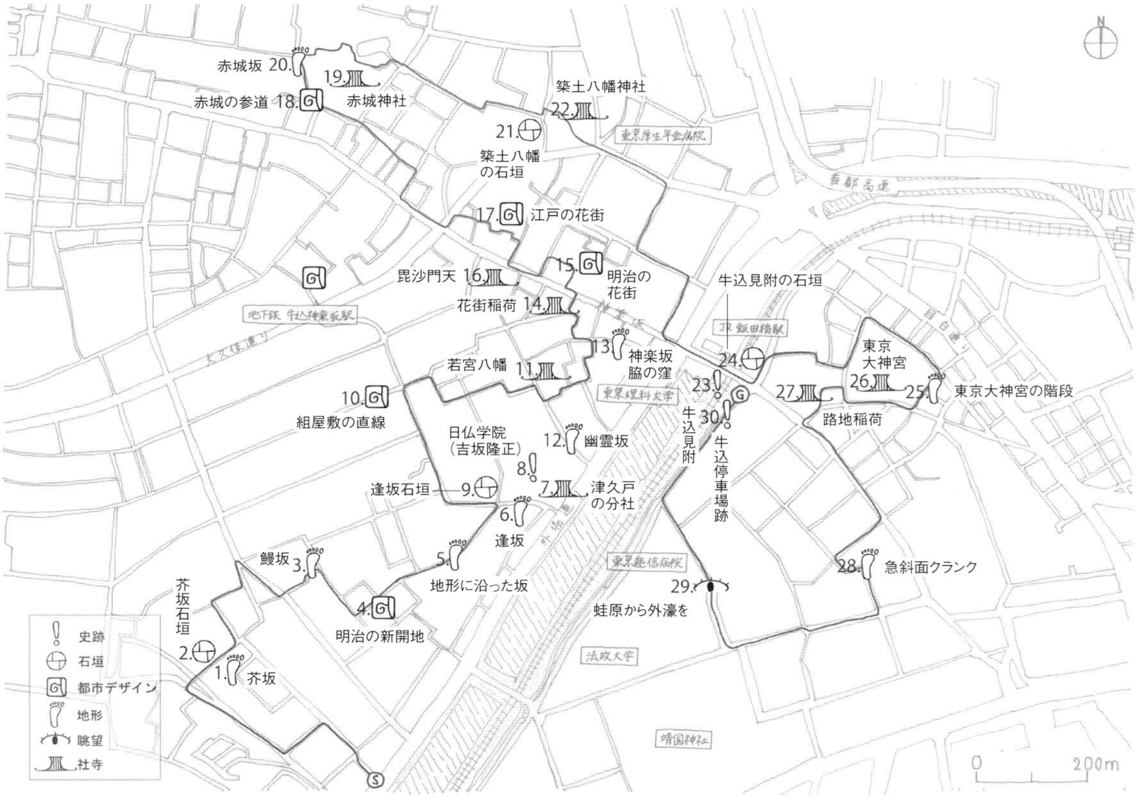

1　芥坂

4　明治の新開地

6　逢坂

11　若宮八幡

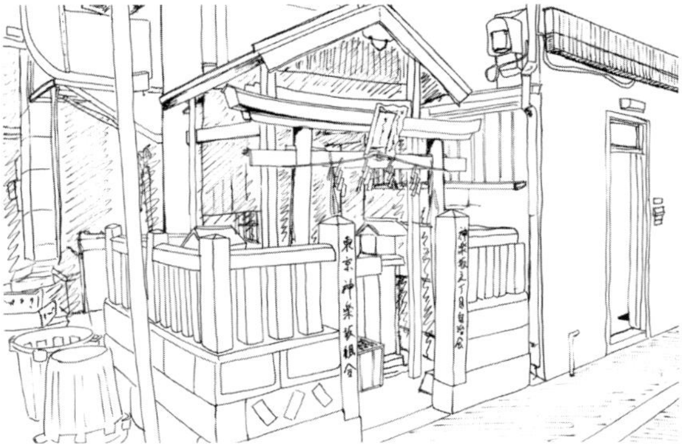

14　花街稲荷

18　赤城の参道

23　牛込見附

外濠の水辺環境を考えるワークショップ

外濠は江戸時代の役割を終え、現在はただの水辺である。千代田・新宿・港の3区により「史跡 江戸城外堀跡 保存管理計画書保存計画」が2008（平成20）年3月に発行された。3区の外濠の周辺環境を含めた保存については記載があるが、都心にある豊かな水辺空間を利活用することがほとんど考えられていない。そこで、2007（平成19）年5月に9大学の大学生・大学院生を集め、外濠の「景観」・「自然」・「水質」・「活用」の4つのテーマで「外濠の水辺環境に関するワークショップ」を開催した。このワークショップの醍醐味は、3つの視点から外濠を捉え提案をしていくことにある。1つ目は鳥瞰。法政大学ボアソナードタワー26階から外濠を俯瞰して東京のなかでの外濠の位置を考える。2つ目は地上レベル。外濠の周辺環境を調査し、地域のなかでの外濠の存在を考える。3つ目は水上。Eボート[*1]を利用して、水面の上から周辺環境を考えた。

問題点として、水質の悪化からくる悪臭問題、外濠周辺の看板や高層建築による景観阻害などが挙げられた。都市デザインの視点からトータル的に考えた解決策の立案が必要である。良い点としては、桜の景観、穏やかな水面、カフェや釣堀などの交遊空間が存在していることであり、そういった空間をまちづかい[*2]していこうという想いが多かった。今回のワークショップでは、Eボートを利用して外濠を考えたことで、どのグループからも水辺を意識した調査・提案が多くなされ、外濠の問題点の把握と、水辺空間を魅力的なものにしていこうという想いを共有化することができた。

現在の外濠の魅力は何と言っても「穏やかな水辺」と

写真1～4　ワークショップの様子

写真5　水上から外濠を考える

図1　外濠活用方法の提案

「日本の景観：春の桜」である。問題点を解決し、外濠から東京の水辺利活用の情報発信をすることが、東京を江戸時代のような水の都へ復興させる第一歩なのかもしれない。

（榊 俊文）

*1　Eボートとは、10人乗りの手漕ぎボートで、川やダム・湖などの水辺で人々が交流することにより、水辺や流域の環境を見直し、考え直すきっかけを提供する道具として考案された。　引用：NPO法人地域交流センターHP（http://www.jrec.or.jp/e-boat）

*2　まちづかいとは、まちに魅力的な活動や賑わいを生み出すのに、何かを壊してさらに何かを創るのではなく、今ある都市空間を見直し、在るものを十分に利活用し、持続可能な社会を創りあげることである。

【ワークショップデータ】
参加大学＝工学院大学・昭和女子大学・千葉大学・東京大学・東京理科大学・日本大学・法政大学・武蔵工業大学・早稲田大学／参加人数＝107名／開催協力＝カナルカフェ

写真6　Eボートで外濠を身近に体感し、環境についても深く考える

水を楽しむ

外濠に灯るやさしいひかりから考える

学生・住民・児童でつくる幻想的なキャンドルナイトSotobori Canale

無意識に「キレイ」と感じてもらう

外濠が歴史的にも自然的にも貴重な空間でありながら、なぜ多くの水辺が消失してしまったのか。もし、外濠が魅力的で多くの人が行きたい、訪れたい、歩いてみたいと興味をそそり、美しいと感じる、愛され、関心を集める空間であれば、埋められてしまったり、隠されてしまったりすることはなかったのではないか。このように考えるなかで、外濠の歴史的自然的な空間を活用し、多くの人に東京の中心にこのような広大な緑地、水辺が残されているということを伝え、この空間を楽しんでもらいたい。魅力的な外濠というハードに合う、ソフトはないかと企画し、2009年に第1回を開催したのが「Sotobori Canale（外濠キャンナーレ）」である。

図1　企画ロゴ。Sotobori Canaleは会場である外濠とイタリア語で運河を表す「Canale」（英語ではcanal）と、ろうそくを表す「Candle」を組み合わせた造語

ただ保存する「保護」ではなく、利用、活用して楽しみ、自然を守るということ

貴重だからといっても、ただ保存するだけでは人びとに認知されづらくなってしまう。多くの人がその空間を楽しく使い、喜びや魅力を感じる空間にしていくことが重要である。そのような空間にするためにSotobori

写真1　外濠公園遊歩道に並べられたキャンドル

写真2　周辺企業や園路灯のライトダウンでキャンドルが浮かび上がる

写真3　地域の小学生と一緒にキャンドルを作成

写真4　廃油・廃ビンからつくるエコキャンドル

写真5　様々な形のキャンドルが外濠を彩る

Canaleでは、3つのプログラムを実施している。

•外濠キャンドルナイト　外濠にあたたかなひかりを灯し、多くの人を迎える。あたたかなひかりの中、ゆっくりと身の回りのこと、環境のことを考えてもらう。

•キャンドル作成　地域から出る廃油、廃ビンから様々な年代の人と一緒にキャンドルをつくることで交流を深めてもらう。さらに子どもたちには環境を考えるきっかけにしてもらう。

•ライトダウン　周辺施設の照明を消灯することで、省エネかつキャンドルナイトにふさわしい空間を演出する。普段見ることのできない幻想的な空間を提供する。

企画を実施するのではなく、参加の「場」を提供する

環境啓発のキャンドルナイトは全国各地で行われているが、まちの活性化、魅力の再認識ということをテーマとしてキャンドルづくりの段階から行っているのは珍しい。環境を守っていくにはイベントの実施だけではなく、地域の住民、企業にも協力してもらい、一緒に意識を高めるということが必要で、老若男女すべての人が参加できるプログラムづくりを心がけた。実際、キャンドルづくりでは、地域のご年配と小学生が一緒になって作成するなどコミュニティづくりにも役立つという嬉しいおまけ付きである。

運営には法政大学の学生を中心に組織した実行委員会、外濠周辺や首都圏の大学生、社会人など、ボランティア約100名とともに行っている。ライトダウンなど協力企業・団体も約40組織にのぼり、商店街でも併せてキャンドルナイトを実施するなど確実に地域の環が広がってきている。来場者も2011年の開催では延べ7,000名と前年の倍近いペースで増加し、来場者に話を聞くと、「せっかくの緑や水にめぐまれた資源ですので、有効に利用できれば」、「毎日このようであれば、楽しんで利用するのに」「美しいですね、感動しました」といった意見を多く寄せられ、関心は高い。

この企画を通して、この地域、場所には、都心において貴重な緑、水辺があるだけでなく、とても強固な人のつながりを感じる。温かな人情と、このような企画を応援、支援してくださる広い心は東京のど真ん中において、空間とともにとても貴重なものだろう。「地域の力」を発揮することのできるこの地域のポテンシャルにはたいへん魅力的なものを感じる。　（大塚真之）

写真6　多くのボランティアスタッフによって運営されている

水を楽しむ
水上ジャズコンサート

現在の外濠は高い柵と土手に囲まれ、人が近づくことが難しい。先の学生ワークショップでも、人が水辺に近づくためにはどうしたら良いかという提案が多くされた。その中には、「ボートを使った水上での音楽会」や「ボートから映画やダンスを見る」といった外濠を劇場として捉えた案があった。このアイデアを利用し、ボートに乗って水上から音楽とダンスパフォーマンスを楽しむ「外濠水上コンサート：奏（かなで）」を2007年7月に開催した。1回目の開催にも関わらず、指定席はすぐに満席となり、134名のお客さまに楽しんでいただいた。その後、1回目の成功を受けて2007年から5年連続で開催をしている。アンケートのご意見には「普段できない経験ができ、感動した」「外濠にあれだけの船が浮かんでいる風景は壮大だった」というご意見をいただいている。江戸や昭和とは違う、現代の外濠活用による風景を創りだすことができている。（榊 俊文）

写真1　外濠をバックに演奏するアーティスト

写真2　第5回『奏』企画メンバーの学生たち

写真3　ボートから演奏を聴けることがイベントの醍醐味で、外濠の魅力や水辺の価値を体感しながら音楽を楽しめる。濠の形状は天然の劇場空間を思わせ、自然環境に囲まれた空間が都心の喧噪を忘れさせてくれる。

【インタビュー】

外濠の生活史

外濠周辺氏子マップ。外濠周辺に点在する各神社の氏子の範囲を示す。四谷1丁目は、須賀神社と山王日枝神社の両方の氏子である

外濠を、実際に生活する人びとの視線から見てみる。地域のコミュニティ、子供のころの遊び場の思い出、外濠に対する意識など、外濠周辺で生まれ育った5名の方に幅広くお話を伺った。また、麹町で生まれ育った鈴木理生さんから、都市史の研究家として外濠について寄稿願った。

目先でなく、もっと広い視野で外濠を見てほしい

大野二郎さん
建築家、四谷坂町在住

小・中学校について

私の生まれは福島です。親は四谷で設計事務所に勤めていて、戦争で危ないので事務所ごと疎開して郡山に行きました。兄貴は戦争中に郡山で生まれ、私が2歳か3歳のときに親が坂町に家を買って四谷に来ました。今は廃校になっているのですが、3年生くらいまで四谷第三小学校に通っていました。戦争の関係で三栄町にある、今は歴史博物館になっているところです。

その後、親が教育熱心だったので、麹町中学に越境入学したのです。当時は麹町、日比谷、東大って流れがあって、みんな行きたがっていましたね。越境入学といっても、四谷はもともと麹町十三丁目って言って、お壕ができる前は一緒でしたから気持ち的にも平気でした。

地元の小学校に行かずに番町へ行ったり、麹町小学校行ったりしている子もいましたね。親は私を日比谷高校に入れたかったらしいけど、ギリギリの成績だったので戸山高校に入学しました。公立高校で戸山へ行こうって人はけっこういたかな。地域の特徴としては麹町だと上流階級っぽいところがあったね。

遊びについて

3年生くらいまで、遊び場は原っぱか外濠公園か、あとは今の迎賓館がある場所で、三角原という、三角ベースするのにちょうどよかった場所がありました。やはりなんでもない広場みたいなのがあるとすごくいいですよね。凧揚げやったり、模型飛行機を作って飛ばしたりできるので。

1962(昭和37)年より前の記憶として、野球場のフェンスは覚えています。今あるフェンスは、多分それです。場所の取り合いになって、3組くらいで野球をやった記憶があります。私は野球があんまり得意ではなかったのだけれど、1回ホームラン打って、二郎ちゃん初めてだねって言われたりしましたね。また、野球場の反対の線路側は、原っぱみたいで、土は平らになっていました。フェンスはなかったような気がします。あっても低いフェンスでした。電車にぶつかってしまうこともあったかも知れません。それが問題になってフェンスがついたのでしょうかね。

この辺の悪ガキ連中は、五寸釘を線路の上に立てておくんです。失敗すると飛んで危ないのだけれど、うまくいくと釘が平らに潰れるのです。それを磨いてナイフに使っていました。今は柵があるけれど、当時は自由に線路へ降りることができましたから、悪さ

をして、電車のおじちゃんが来ると隠れていました。脱線しなかったからよかったけど、先生にはこっぴどく怒られました。

真田濠や弁慶濠の方にはよく遊びに行きましたね。魚を釣ったり、真田濠は芝みたいになっていて、木はほとんど生えてなかったから下に降りられたりしました。市谷の方には釣りに行きましたね。台風のあとだと釣り堀から逃げる魚がいっぱい出るから、それを釣りました。鯉とか鮒とか金魚とかがお玉ですくってもたくさんとれるくらいです。

同じところへ行ってもつまらないのでどっちも行きました。赤坂から帰るときは、お壕沿いの電車に乗っていましたね。中学生のときは身体が弱く、満員のときに危ないからと言って、運転手が運転席のドアを開けて隣に入れてくれたこともありました。

電車の眺めもいろいろ景色が変わって気持ちがよかったのですよ。今、お濠は見るだけになってしまっているので、もうちょっと上手く利用するとか。私は建築の人間だから、ここに記憶を残すために、線路だけを残すようなことをすればいいんじゃないかと思いますね。

土手の家

当時、線路と外濠公園の間に家があって、私の友だちが住んでいました。不法占拠ですから、新宿区に都営住宅ができたとき、その友だちは4年生くらいで引っ越しましたね。ここには自然の素晴らしいトイレがありました。市谷濠に全部流れていくものですが。

彼の家に行くと面白いの。全部新聞紙仕上げなのね。上はトタン板かなんかで。壁がまたすごくて、土手だから土なわけですよ。彼の部屋もすごくて、布団とカーテンだけなのだけれども、自分の部屋の斜めになっているところに蓋が開いていて、蛙が入っているの。箱のなかだと乾燥して死んでしまうけれど、土のなかに入れると蛙は生きているわけです。彼がうらやましかった。その境の場所は現在、フェンスで囲っているから入れないけれども排水路になっています。

これからの外濠

外濠のコミュニティがうまくつながるといいですよね。大学が間に入ってやれることから少しずつやるのが重要で、危ないところを直すにしても20年かかっても30年かかっても、コンセプトをしっかり持ってやってほしいですね。四谷なんてすごく便利な場所だったけれども、今では黙っていると空地になって、そこに大きなビルが建ってしまう。

お濠のなかからは文句がでないので、建物を建てる際は濠をいじめるのですよね。そういったところで、価値を変えなければいけない。目先のことでなくもっと広いところの価値なのだから。区界を超えてひとつの地域ができるといいですよね。

地域がひとつになって外濠に親しんでいた

小倉利彦 さん

四谷1丁目町会副会長

神社の話

四谷1丁目は、日枝神社と須賀神社の両社の氏子になっていますので、例大祭は年2回、須賀神社が6月の1週目で、それに続き6月15日に日枝神社の祭礼を行っています。

日枝神社の祭礼は、日本三大祭のひとつで「山王祭」または「天下祭」の名で広く親しまれてきました。祭礼のときは、四谷1丁目の氏子総代が四谷見附橋で鳳輦《ほうれん》をお迎えして町内を巡行します。須賀神社では、俗に「四谷担ぎ」「千鳥担ぎ」と呼ばれる独特な担ぎ方で神輿の渡御が行われます。これは神輿を上下に揺らさないで、すり足で担ぎ、「はな（神輿の先頭をかつぐもの）」は、棒の先端を首の後ろで支え、足を前につっぱって神輿を押し戻すような体制で担ぐものです。

須賀神社の祭礼では1年おきに、本社神輿を担ぐ本大祭、連合で町会神輿を担ぐ陰祭が行われます。以前は氏子町会18ヵ町を限なく巡行していましたが、担ぎ手の減少により今では巡行ルートが短くなってしまいました。しかしながら、本社神輿の宮入は熱のこもった例大祭一番の見せどころで、神輿の中に入るのも命がけのようなところもあります。

18ヵ町勢揃いの連合渡御も一基一基は小さいながら、なかなかの圧巻です。我が地域といたしましては、どちらかというと氏子の地域が広い日枝神社よりも、須賀神社のほうに力が入っているような状況です。一度、ご参加下さい。

グラウンドとお濠の話

私が小さいころ親しんでいた外濠公園には、公園のほかに野球グラウンドやテニスコートがあります。グラウンドの真ん中が千代田区と新宿区の区界になっていますが、以前は千代田区が公園を管理していることから千代田区からしか利用の申し込みができませんでした。しかし、ようやく新宿区のガイドブックにも載せていただき、新宿区民も利用しやすくなりました。余談ですが新宿区側からしか公園に入ることができず、公園を利用している子供たちは新宿区の方が多いようです。

以前、千代田区でホームレスの施設を作るときに候補地として外濠公園の名前があがりました。そのときには四谷の皆さんから反対の声があがりましたが、千代田区さんがしっかりと責任を持って管理をするからとのことで、施設が立ち上がりました。施設の建設と並行して千代田区さんには公園の再整備をしていただきました。施設は期限付きでしたので昨年取り壊されましたが、公園はそのときに整備していただいたおかげで、今でもたくさんの子どもたちが利用しています。

外濠公園の先にはお濠が掘られています。私たちは四谷側から一番濠、二番濠、三番濠と呼んでいました。子どものころには、お濠のところまで降りることができたので、よく、フナやクチボソ釣りをしました。今では信じられませんが、そのころは鉄道の線路にも入ることができました。線路の上に釘やコインを載せて電車に轢かせたこともあります。こんなことをしたら、今の保護者でしたらたいへんですね。

昔のことを知っている人がだんだんと少なくなってきています。子どものころには千代田・新宿と分けて考えたことなどありません。地域として繋がっていたからです。これからも、地域としてコミュニティを分けることなく連携をして地域づくりをしていけたらと思っています。

お濠は立ち入れない場所と刷り込まれて育った

橋本樹宜さん
九段2丁目町会青年部部長

由緒があるのに不遇な築土神社

築土神社には氏子会というものがあって、年配の方が多いのですが、若手メンバーの築和会、いわゆる氏子の青年部もあります。築和会はお祭りなどを推進する役割などを担っており、私はこの2丁目の町会の青年長をやっています。

築土神社が富士見に移ってくるのは戦後ですが、築土って本当にかわいそうな神社なんです。なんでこんなに移転しなくちゃいけないのかというほどね。江戸三社なのになぜか築土だけマイナーな感じがします。もともとお祭りの際、田安門から宮入できるのは筑土神社だけだったのですよ。それだけ由緒がある。この前、60年ぶりに田安門から宮入したときは大騒ぎになりましたね。

子ども心に感じた地域性

小さいころは外濠というか、四谷の外濠グラウンドで良く遊びました。外濠には勝手に立ち入って怒られたりしましたね。土手公園なんかではセミとりをやったり、花見をしたりしました。さすがに自分たちが先陣切ってブルーシートを広げたりはしませんでしたけど。町会行事のなかでもお花見はあります。それはもうブースみたいなのがあって、そこでやってしまうという感じですね。

お濠での釣りは、「それはできないだろう」という意識があって、立ち入ることはしなかった。今この界隈の親御さんなんかに聞いても、お濠がある種のエッジになっています。神楽坂はエッジを越えるということになりますね。お濠が形成されたことで、あそこからさらに遠くへ行ってしまうと怒られるという意識があるらしいです。私は永田町小学校に通っていたのですけど、目と鼻の先に富士見小学校があって、そこに通う連中が集まる富士見児童館に行くとよそ者扱いでした。喧嘩すると分が悪いので帰ろうっていう感じになっちゃいますね。友だちがいないというのも大きいのです。普通友だちのところに遊びにいくのが遠くへ行くときのきっかけでしたからね。

整備されていながらにしてもお濠は「公園」ではないという意識でした。私は虫が大好きで、お濠のなかに入ればたくさんいるかもしれないと考えたけど、急傾斜のところに踏み込んでいったら怒られると教え込まれていましたから。お濠を越えて神楽坂の方のゲームセンターで遊んできたなどと言ったらもう極悪人扱いです。もちろん今はそういう感覚は持っていませんが。

外濠の内意識と外意識

外濠の内と外での人びとの感覚の違いとしては、駅前の再開発とかで住民説明会に出ると神楽坂とか新宿区の方々のほうがすごく意識が強いですね。新宿区側からだとつねに外濠の高い土手が見えて、心象風景みたいな感じで焼き付けられていますよね。けれど外濠の内側に住んでいる人にとって新宿区側から見た風景というのはイメージされないのかと。全然イメージされないですね。内側からは神楽坂が見えて、店がたくさんあるなと感じる程度。のぼりまで立っていてすごくにぎやかだなと思うくらいです。

飯田町の界隈は今でも商店街が残っていますが、雰囲気は昔とだいぶ変わりまして、チェーンストアが多くなりましたね。昔はパパママストアだらけで、そこのお嬢ちゃん、お坊ちゃんがたくさんいました。まだラムラができる前、お水があったころには浚渫をずいぶんしていました。ドロドロで決して遊べる風には見えませんでしたね。それはもう泥捨て場かここはという光景でした。私よりもっと上の世代の方々が遊んでいたのですかね。私は平河町に住んでいて、永田町小学校、永田町幼稚園に通っていたので、プレイスポットは弁慶濠でした。急な斜面ではないので、赤坂の駄菓子屋でよっちゃんイカを買って、それをエサにしてザリガニ釣りをやっていました。

弁慶濠は今でも入っていけますよ。外濠も弁慶濠側の方が近寄りやすいんです。子どものころは清水谷公園もよく使っていて、おたまじゃくしをよく拾ってきていました。すでに高速道路ができていましたが、高層ビルはなくてさえぎるものがなかったので、空地はワンダーランドでしたね。40年代から50年代までは子ども目線でとても楽しい場所でした。

これからのコミュニティづくりに向けて

このエリアは日本で一番の都心です。人が少ないだけによりどころを求めたいのでしょうね。町会の求心力というのもありませんけど、氏子で筑土だよって話になると大きく共通言語になったりしますよね。それをコミュニティの核とするのはまちづくりのきっかけにつながると我々は考えています。

外濠の桜と歩んで50年

福田彰さん
紀尾井町「福田家」会長

外濠の松と桜

お店を始めたのは戦争前で、もともとは虎ノ門にありました。そのお店が焼夷弾で焼かれたのが、昭和20年5月25日深夜の東京最後の空襲でした。そのあと、営業を続けるための候補地として紀尾井町に来ましたが、このあたりは建物が3軒しか残っていませんでした。上智大学も外壁が半分削られていました。土手に上がってみると麹町6丁目の向こうまで見通せるくらい何もなかったです。もちろん、教会も焼け落ちて瓦礫になっていました。

1945（昭和20）年ごろの外濠の写真を見ると、大きな松がありますが、植えたのは1650年ごろですから250年近く経っています。しかし1947～1950（昭和22～25）年の台風で、毎年多いときは2、3本、少ないときでも1本は倒れていきました。先代のころ、店のお客は家庭用の五右衛門風呂で入浴していて、薪が足りないときは倒れた松をもらっていたという話もあります。

土手が坊主になりかけてみっともないので、何かないかと思い、先代が生前、「桜を」と云うことを思いついたのです。全部で100本植えました。八重桜を30本、ソメイヨシノを70本。八重の方が弱いのか、現在はあまり目立たないようです。当時の遠山区長に桜100本寄付願を提出し、許可をいただいたあと、区の指導で位置決めをしてもらいました。植える際は尾根に上がったところへ割り振りをして、何メートルおきに植えるようにと指定を受けて植えたのです。

花見の名所になる

記念植樹となっているのは、たまたま東京オリンピックの年だったからです。記念に石碑を立ててもらいまして、千代田区監修という文字も入っています。桜の植樹は1964（昭和39）年ですからいまでは50年近く経ち、けっこう育っています。木の環境としては良いようなので、正しく手当をすれば100年、150年は保てるはずです。植えた物は幹が5センチ足らずのもので、3年のものでした。桜の苗木の手配は、安行まで買いに行きました。もともと戦前までは、四谷のあたりに桜は多くありませんでした。以前、甲武鉄道があそこに鉄道を通した際には、美観のために植えたということもあったようですが。いま問題になっている植後50、60年の桜の寿命も今のような手入れをすればもっと長く残るはずで、桜基金の問題を提起し、多くの方々に桜に関心を持って下さるよう努めています。

植樹してからは、花見どきに多くの人が集まりました。大声で歌っている人や発電機を持ち込む人、屋台でおでんを売っていた人もいましたね。後始末がたいへんだったので、町会としては花見の時期は立ち入り禁止にしたいと言う方もいました。私が紀尾井町の町会長だったときに、皆さんが笑顔になるのだからわずか10日間くらいいいではないかということで、立ち入り禁止にしないかわりに、区が責任もって後始末してくれるようお願いしました。それが今日まで何十年と続いています。

花見の時期、お客に桜の根本を踏まれないように「連翹（レンギョウ）」を植えました。はじめは花の咲かない株を植えていましたが、せっかく植えるのだったらということで、一昨々年咲くもの50株ほど、部分的に植えてもらいました。

無駄な余地があってもいいかな

濠が埋められていく過程はあまり覚えていないのですよ。記憶にあるのは睡蓮がいっぱい咲いていてきれいだったことですね。1950（昭和25）年ごろは、新宿区側にはまったく木がなかったのです。濠は防衛用で滑り落ちるようにできているので、非常に危機感がありましたね。

迎賓館前通りを赤坂へ行く電車が通っていたのは覚えています。電車の走る風景では、半蔵門の三宅坂のところが見事だったことが印象に残っています。皇居をバックにしていたのがよかったですね。

外濠の景観はね、前の姿が品格あって良かったと思います。土手そのものは今でも生きていますけれども、やっぱり水面があったほうが品はありますよね。まちの真ん中であるならば、埋め立てて使うのもあるだろうけども、こういう無駄な余地があってもいいかな、という気持ちはあります。

お濠が区境にあるのでなかなか地域でまとまってというのはできないのです。グラウンドは新宿区、港区と千代田区の3区です。3区の周りの地域が、ひとつにまとまって真剣に論ずる人がいるかどうか。感覚的にはお濠の方が良いというのはみんなわかっていますけれども、グラウンドになった経緯が不明なので、批評するのはさしひかえます。

外濠の風景から侘び寂が減ってしまった

山本坦さん
紀尾井町町会副会長

内濠と外濠の間で育ったDNA

千代田区は何と言っても江戸城のお膝元です。千代田区と中央区で、神田明神とか日枝神社の氏子の方々はプライドを持っています。私は今77歳だけど、私たちの感覚で言うと、山手旧十五区内、これがひとつのテリトリーで、それ以外は郊外という感覚なのです。

私は母から「あなたが外濠と内濠の間に住んでいることはものすごく幸せなのよ」と言われ続けて育ってきました。江戸の精神が小さいときからインプットされるわけです。それで私の場合は、DNAと江戸の心意気のインプットがうまく結びついているんです。明治・大正・昭和にかけて地域には政治家・実業家・お医者さまがいらして、これは代表的な山の手で、うちなんかは山の手と下町が混ざった感じなのですごく面白い、いい雰囲気です。

町会のつながりも「どう致しましょう」とみんなが集まってくる面白い町会です。なんでもにすぐに伝わるすごいコミュニティです。東京の一番中心地にある住宅地のコミュニティがしっかりしているというのはとてもいいですね。

外濠と戦時中の記憶

子供のころの遊び場所は、お家の中、もしくは清水谷公園でした。土手では、あんまり遊ばないけれど、お散歩はしましたね。土手で遊ぶにも横はすぐ水で、危なくて遊べませんでした。ただ、土手は歩けたし、水辺のそばには行った覚えはありますが……。

お濠の水は澄んでいなくて、なにかすごく下の方に、草みたいなのが生えていて、それに引き込まれる感じでちょっと怖かったです。夕方は人さらいが来るから表へは出ちゃ行けないと言われ、必ず大人がついて出かけていました。夕方は魔物が棲む時間だからお家に帰んないといけない。私のイメージでは、当時の外濠の水はやや澱んでいたというか、ただし、いまのようなアオコはありませんでした。

弁慶橋あたりは、もうちょっと水がきれいでした。5月24日の夜から25日の未明にかけて空襲があったとき、私ども家族は今の赤プリ・旧李王家正門の銀杏の木のところにいて、周りが燃えてきたので李王家のお庭に入れていただき助かりました。その翌朝、弁慶橋へ歩いていったのですが、飛び込んだ人だかお人形だかよくわかんないけど、水の中にそういう何かが浮いていてすぐに帰りました。もちろん、我が家も全焼です。

空襲では赤坂の方から火の手が上がりました。ちょうど今の246号線とプリンス通りがかち合う真正面の反対側（現在の参議院議長公邸）の宮家のところに冠木門があったのです。それがめらめらと燃えたとき――今考えるとあれは三島由紀夫的に耽美的――あれはきれいでしたね。目に、心に焼き付いて忘れられません。お壕に飛び込んだ人も多分いたと思います。というのも、そういう光景って心象風景で残ってしまうから親としては見せなくないでしょう。だから私はいっさい見ていないのです。

B29というのは、下からサーチライトを当てるとその光で機体がブルーに見えるのです。かっこいい飛行機でした。ジャンボジェット機より機体がきれい。のちに私はJALで働いたのですが、あのときに「なんてきれいな飛行機」と思ったわけです。

市谷とかあっちのほうのお濠までは、散歩にあまり行きませんでした。あちらに行かなくたってうちの周りにもお濠がありますし、せいぜい行って、五番町のお濠から雙葉学園の前を通って、上智の側を通って、喰違見附を通って――岩倉具視が落っこちたところですね――それから弁慶橋。今はたんたんと歩きますけど、それが子どものころのテリトリーです。

「作られていない自然もよいものですよ」

弁慶濠のところは誰が桜を抜いたのでしょう。246号線が通っているあたり、その両脇に今は銀杏が植えてあります。あの銀杏が全部桜だったときはとてもきれいでした。

お花見はあまり行きませんでした。散歩はするのですが、今みたいにござを敷いて宴会するということは一切ないです。だから結局、お花見ではなくてね、お花を愛でるのです。昔の土手には今ほどたくさん桜が植えられていませんでした。私は桜サポーターなのですが、もっと作られてない自然もいいですね。雙葉学園の前と五番町の土手は今、枝打ちしてないんです。戦前はちゃんと土手としての維持管理がなされていたようです。今はもっと観光とか、景色とかね、桜があったらいいだろうと考えて造ってしまうのですよね。そのほうがきれいだろうという観念になっちゃうわけです。上智の上の土手もみんな松だったのですが、今の法面には桜が植えられていますね。

観光資源としてきれいで見せたいという思いで――それは観点の相違だからしょうがないのですが――みんな桜を植えすぎてしまって、ヘンに絵葉書的な要素が強くなっていますね。侘び寂が減っちゃった!　でもこれは江戸時代の面影とは違う、戦後の景色と言えます。

いつの日かお濠を復元したい

外濠の公園を、私は工事中見ていません。真田濠などのように、戦災で焼失した瓦礫をお濠へ埋めるような時代には景観なんて考えもしないのです。みんな食べることで一生懸命だったから……。

私は濠がここで中断されている意味ってまったくないと思うので、ぜひ外濠は昔のように全部繋げたいのです。埋めてしまうなんてバカなことをやったのは日本だけです。個人的な願望としても、将来的にここは濠に戻したいですね。

（インタビュー・編集＝小藤田正夫、高道昌志、小松妙子、石井　巧、蓮見和紀、松田耕平）

【特別寄稿】

灌漑技術から転用された外濠

鈴木理生
都市史研究家

［外濠］の意味

ここでの外濠とは、徳川幕府がその本拠とした江戸城構築の最終段階の天下普請（幕府が諸大名に課役した城郭工事）で、1640～41（寛永16～17）年に一応完成した江戸城西北部の外郭工事の一部としての［濠］工事*を言う。

場所は現在の上智大学グラウンド（旧称真田濠）の南端を水源部として、これも現称の四谷濠・市谷濠・新見附濠（新見附陸橋とその水面の分轄は明治中期に行われた）および牛込門陸橋までの3つ（現況は4水面）の階段状の海抜高度を持つ水面で連続した「人工水系」を意味する。

この本来は連続した傾斜を持つ河川の縦断面を階段状に分割した技術は、古代以来の水田築造技術の城郭工事への応用であり、それが原型に近い形で現在まで残されているのが、この[外濠]の特徴である。

本来の河川は、縦断面である浸蝕基準線で示されるように傾斜している。水面はあくまで水平である。全体的な傾斜路のなかから、水田に適する水平面を得るには、河流を「段」でいくつかに分轄しなければならない。つまり放物線である浸蝕基準面を4つの水面に[微分]したのが、この外濠の構成である。古代以来の灌漑の基本的技術が17世紀半ばに城郭の外濠築造の技術に転用されているのが面白い。

建築行為とは人間生活の場としての家屋の水平面の確保の基本的な方法である。同様にヤマト民族の基本的な食糧確保のための水田構築法もまた、あくことない水平面の追及であったことは、改めていうまでもない。一連の傾斜面を持つ河流を、要所でダム＝堰(セキ)で堰止めて、それで得た水平面を水田耕作地化する努力は、およそ1千年は続いた技術であった。

その証拠は東京区部に限っても、非常に多数の地名に残る。千代田・神田などの田の付く地名、谷(ヤ)＝ヤツ・ヤチ・ヤトとも呼ばれた地名は、狭く細長く続く水田の呼称として多く残る。同じく沢(サワ)・久保(クボ)＝窪も数多く見られる。当然のことだがこの現象は武蔵野台地特有なもので、隅田川以東の沖積地帯では皆無に近くなる。区名でその対象を見ると、世田谷と江戸川がある(傍点はそれぞれの地域の水辺の表現である)。

外濠は新宿地区の排水路だった

JR市ヶ谷駅わきの、今は市谷濠とよばれている場所に、かつては長延寺川または三光川が流入していた。現称でいえば尾根道である新宿通り(旧甲州街道)の北側の靖国通りを流れていた小河川が市谷濠に流入していた。その道の下を都営新宿線が走り、その上に曙橋駅の駅名がかつての河流であった名残を留める。

くり返すが寛永17(1640)年の時点に早くも江戸城西北部一帯を都市化するために、城郭工事の一部として新宿地区の都市排水処理の方策が採られたのである。

ここでは指摘に止めるが、東京の武蔵野台地内を流れる小河川の「海に対する勾配」は、JR山手線(西側)あたりで、その勾配が変わる。地形変動の結果だが、それゆえに神田川・目黒川クラスの川は鉄炮水(一時的激甚洪水)常習地帯の元兇とされたのである。

ここでいう外濠はその鉄炮水災害の対策第一号的なもので、ひとまず市谷陸橋の土手で増水を受けとめ、しかるのちに現在は釣り堀で賑わう濠に落とす仕掛だった。

灌漑技術はつねに一定の水準＝水位を確保することを第一とする。そのオーバーフロー装置は私が実見できた時期には駅のホーム寄りの陸橋の脚部で良く観察できた。これは四谷・牛込の陸橋および新見附濠の場合も、同じ構造のものだったことを付記したい。

「風の道」としての外濠

若い人に凧揚げをした場所を聞くと、走って揚げられる野原のような場所である。私の体験した凧揚げは「駆け出し凧」ではなかった。江戸からの凧揚げとは、1ヵ所に立って適当な風を受けて、凧をあやつり中天高く上昇させる行為を意味する。駆け出し凧では、歌川広重の「江戸名所百景」や葛飾北斎が描いた過密都市での風物詩であり、伝統でもある凧揚げ絵の意味を理解できない。ほんの一世代前の「遊び」に限っても、この国では正確な伝承が失われている。

外濠は今も昔も「風の道」である。昭和初期の凧揚げの場所は、四谷見附橋の四谷寄りの土橋の上か、市ヶ谷橋の駅寄りの上でよく揚げられた。凧揚げは一歩も動かずに、指をなめて風向きを見たら、糸目をもって風を待った。大きい凧の場合は誰かに持ってもらって良い風がくるのを待った。外濠を吹き通る風に合わせれば高く揚がる。広重の絵でもわかるように繁華な町内で、糸につけた凧を駆け出しながら引っぱることは不可能である。ましては、狭い橋の上では無理である。

凧が落ちても事故にならないように鉄道の架線には注意していた。また、土手の上は凧揚げには不向きで全く揚がらなかったが、戦争中に大流行した模型(ゴム動力のライト・プレーンやグライダー)は土手の上から良く飛んだ。でも、それは一度飛ばせば二度と手にすることはできないものだった。

*外濠築造工事の詳細については、鈴木理生著『江戸と城下町』(新人物往来社、1976)の付録を参照されたい。

第4章

外濠の未来

外堀通りより新見附濠を望む
写真＝鈴木知之

外濠を活かす

「歴史•エコ廻廊」を創る

外濠再生の方向—“環境•文化インフラ”を整える

これまで史跡指定地とその周囲を様々な観点から見てきたが、この地域が抱えている課題、その解消策となる外濠再生の方向は次の7点に要約される。

第一は汚水カットや環境浄化水の導入による水質浄化。第二は見附御門の石垣•土塁など遺構の復元•活用。第三は公園内園路の充実や外堀通りの歩道拡幅、その緑化による散策路の整備。第四はエコ•ヒストリーの観点から鉄道敷の空間整序や駅拠点の修景化。第五はヒートアイランド対策の中心的な役割を担う清涼な水面の保全による生物の生息環境の整備と風の道づくり。そして第六は真田濠や暗渠化された牛込濠など失いし水辺の回復など、何よりも歴史的風致の強化に努めることである。

同時に、もうひとつ重要な観点がある。すなわち史跡指定地を育み活かす仕組みづくりと、周辺市街地と一体となってかたちづくられる雄大なパノラマ景観の維持•継承にある。

史跡指定地を包む複合的都市インフラ／“環境•文化インフラ”のイメージ

このためにはまずもって史跡指定地の隣接地を可能なかぎり公共空間化するなど、水辺を包むバッファー

図1　外濠地域の土地利用

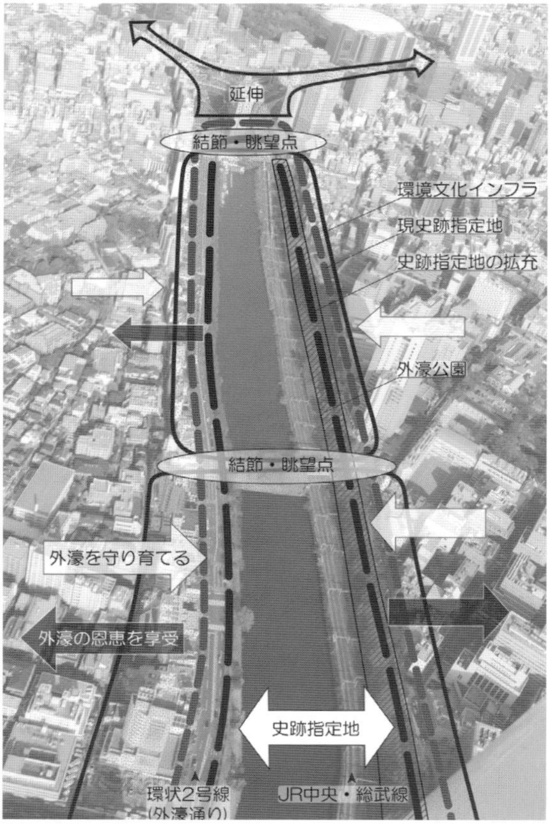

図2　“環境•文化インフラ”のエリア

ゾーンの設定が史跡の保全の観点から重要である。様々な都市施設によって組み立てられている史跡指定地は河川法や道路法、都市公園法や文化財保護法など、根拠法の違いから一体的な計画立案やその整備、一元的な管理の妨げとなっている。そこで私たちは史跡再生に向けて、これら複数の都市施設を一体的に捉えた“環境・文化インフラ”と称する概念の導入を提案した[図1～2]。

“環境・文化インフラ”は一般論として決して大げさなものではなく、また巨大な人工構造物でもない。どこにでも見られる既存の水や緑資源の活用に重きが置かれ、その回復に努めるものである。しかし現状の水辺は総じて断片的で有機的なつながりに欠け、親水性に乏しい。

これからのまちづくりはそれぞれの土地固有の水系、地形や緑地資源を“整え”、“広げ”、歩道や散策路により“結ぶ”、既存の都市インフラの再構築の時代となる。複合的なインフラにより構成される史跡指定地を包摂する“環境・文化インフラ”は区民・都民が挙げて認める歴史的なコモンで、20世紀の自動車交通インフラに代わるミレニアム・インフラとなる。

未完の緑地帯構想—ふたつの事例

外濠再生に欠かせない計画ツールとなる“環境・文化インフラ”は必ずしも新しいアイデアではない。過去、類似した未完の構想が少なからずある。ここではふたつの緑地帯構想を紹介する。ひとつは「東京緑地計画」(1939)であり、もうひとつは石川栄耀らによる「東京戦災復興都市計画」(1946)である。

前者の特徴は東京市界(現在の区部に相当)で計画された環状緑地帯であるが、外濠の活用に関する計画は残念ながら記載されていない。後者の特徴は区部の外周に広大な用途未指定地域(区部の33.9%)と称される非市街地(翌47年に食糧生産の観点から緑地に指定)が描かれていることである。

もうひとつ重要なことは鉄道に沿い小さな単位の居住区(いわゆる集約型市街地)が配置され、これが緑地帯によって包まれていることである。両構想に共通する点は無限に広がる市街地に一定の歯止めをかけ、メリハリのきいた市街地の形成にあり、近代都市計画のゾーニング思想の踏襲が読み取れる。私たちの提案はその地に暮らした人びとの営みが色濃く残る水系や水

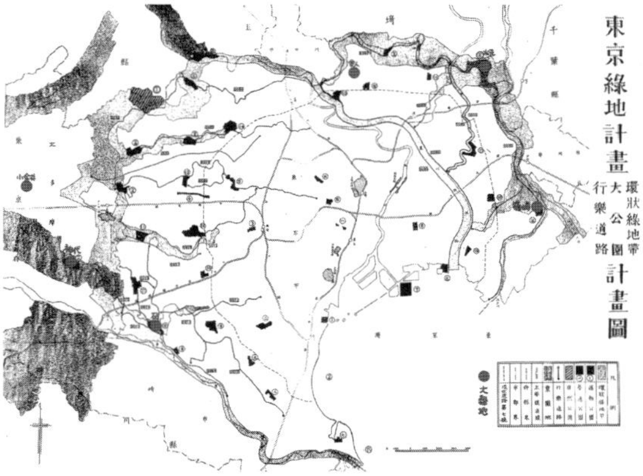

図3　東京緑地計画

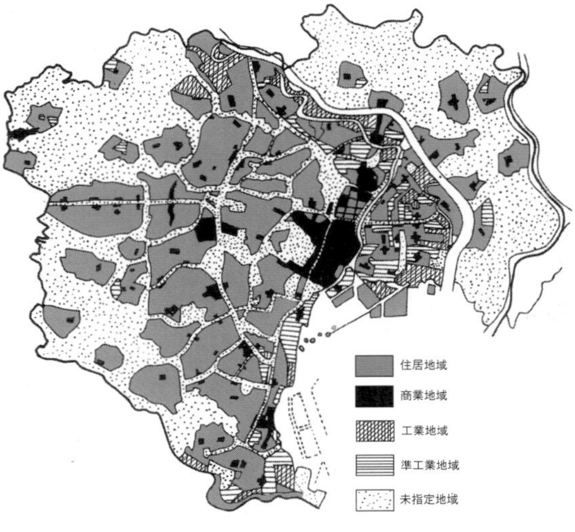

図4　東京戦災復興都市計画

辺、地形や雑木林の再生に重きを置き、これらの価値資源と集約型市街地とが共生する、新たな地域コミュニティの形成をめざすものである[図3、4]。

外濠地域の“歴史・エコ廻廊”

“歴史・エコ廻廊”のイメージ

外濠がつくるU字型の景観は谷戸地形に準じた節度ある建築行為や開発行為によって保たれてきた。この雄大な景観の向上と保全のためには、ある程度厳しい建築・開発規制による市街地の計画的誘導が必要であることはいうまでもない。史跡指定地と、これを包む“環境・文化インフラ”は環境、歴史・文化、景観、防災

や観光など多面的価値を有し、近隣の人びとはその恩恵に浴し慣れ親しんできた。厳しい規制は本来、その代償といえなくもない。

またこうした人びとの広がりの大きさが外濠再生のモーメントとなると先に述べた。これを活かし、守り育てる大きな力となり、新たな地域コミュニティの萌芽・生成に結実する。さらに地域内には社寺仏閣、神楽坂や四谷の繁華街、印刷・出版社や大学など様々な魅力的な資源、その拠点が少なからず見られる。

私たちは、これらの特徴的な地域資源を結び、ネットワークすることで回遊性がいっそう高められ、まちの活力源となると考えた。こうした仕組みを持った地域コミュニティの総体を“歴史・エコ廻廊”と称し、人びとの交流を促し、地縁はもとより知縁・偶縁型のコミュニティを育む視点を提示したい。

多様な物語を持つ“歴史・エコ廻廊”

地域内の魅力的な資源は、この土地固有の特徴的な物語を生む。例えば上智大学、法政大学、東京理科大学、大妻女子大学、日本歯科大学、日本大学や中央大学などを結ぶ「知の廻廊」づくりがイメージされ、神田川や日本橋川を通じて駿河台や神田の大学群と結ぶ。

また牛込台地や麹町台地には様々な出版社、あるいは大日本印刷、その関連企業が立地し「出版印刷文化の廻廊」が描かれる。さらには四谷・市谷・神楽坂界隈の社寺を結ぶ「縁結びの廻廊」、散策路を通して「思索の廻廊」づくりも期待される。何よりも水辺を利用したボート場、釣り堀や水上レストランは水面に映る風景として時間を経て定着したといえないか。何よりも広く都民の癒しの場・交流の場になり、花見の名所や繁華街と連動した「遊山行楽の廻廊」ともなる。

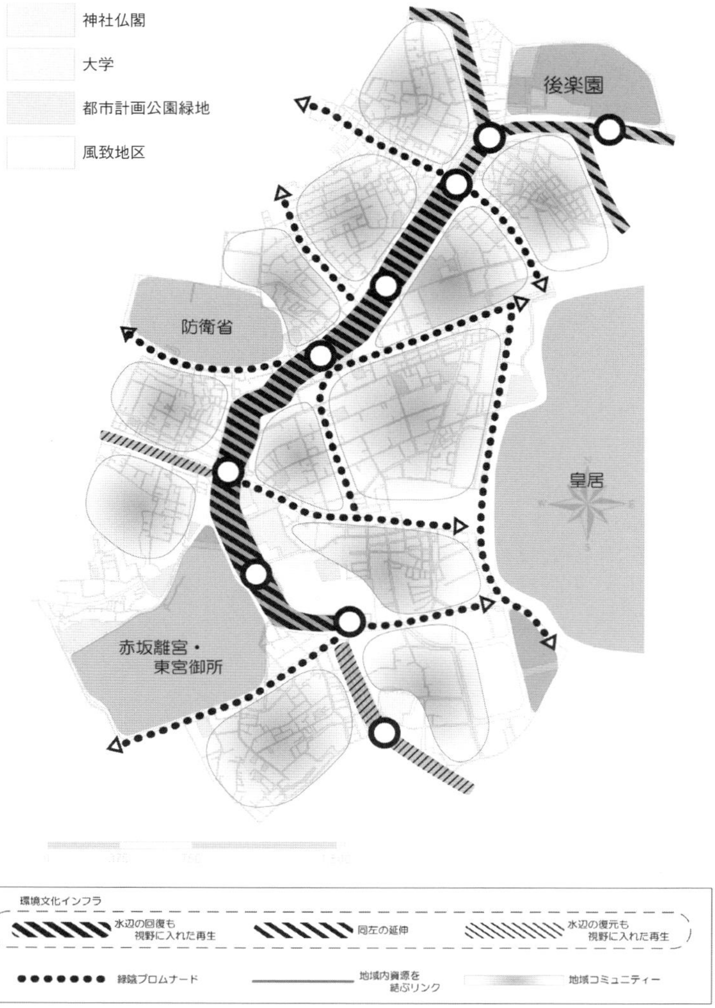

図5 “歴史・エコ廻廊”のコンセプト

もとよりここに示したイメージはひとつの試みであって唯一のものではない。様々な絵姿が描かれて良い【図5、6】。

外濠再生発、東京都心～多摩地域への展開

図7は東京都心のみどり率（100mメッシュ）で示したものである。みどり率の高いメッシュの「帯」（おもに緑道や水系）や大きな「塊り」（おもに大規模な公園や庭園）が不連続ながら読み取れる。私たちはみどり率の高いメッシュを結ぶ水辺回復や緑化を積極的に進めるよう提案する。つまり小さな「塊り」を可能なかぎり“広

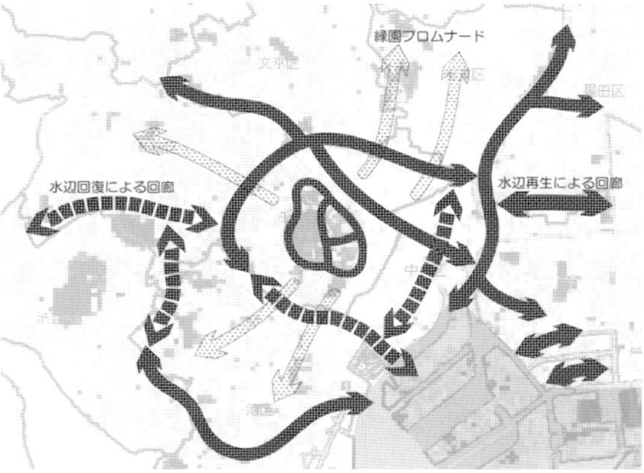

図6　東京都心の“歴史・エコ廻廊”のイメージ

げ”、寸断された「帯」を“つなぎ”、そしてネットワークするものである。これは既存幹線道路の空間転用による歩道拡幅や植樹、ときには水辺の復元などにより可能となろう。コンパクトなまちづくりにより市街地内部に組み込むことは、今後いっそう容易になると考えられる。

私たちの提案は神田川や日本橋川の再生と連携し、水の都／江戸～東京都心再生を牽引する要となる。さらには多摩川や隅田川、神田川などを介して武蔵野～多摩地域の水辺再生と連動させ、東京圏再生に結実させる大きなモーメントとなる。

外濠・水のつながり

外濠は江戸の地形を巧みに利用して普請され、高みにある城郭を囲う開析谷を濠としてつなぎ、内濠・外濠をつくり上げた。このため濠は、それぞれに小流域を持ち、流域単位で水源（雨水、湧水）を確保するという仕組みをもった。外濠の水源は玉川上水から上水を引き込み、水の補給を行っている。外濠はこの“水”を通じて玉川上水、多摩川や源流域へと“つながって”いることがわかる。

また飯田橋以東では神田川をそのまま外濠としている。ここでは武蔵野台地の大きな水系とも“つながり”、そして海へと注ぐ。外濠は決してあの場所に取り残され、閉じ込められているのではない。“水のつながり”は山・里、海へと連環しているのである。開かれた系であることは、古くから人びとの間に認識されていた。江戸上水図に示されるかたちは、“水の廻廊”そのものといって良い[図8]。　（高橋賢一）

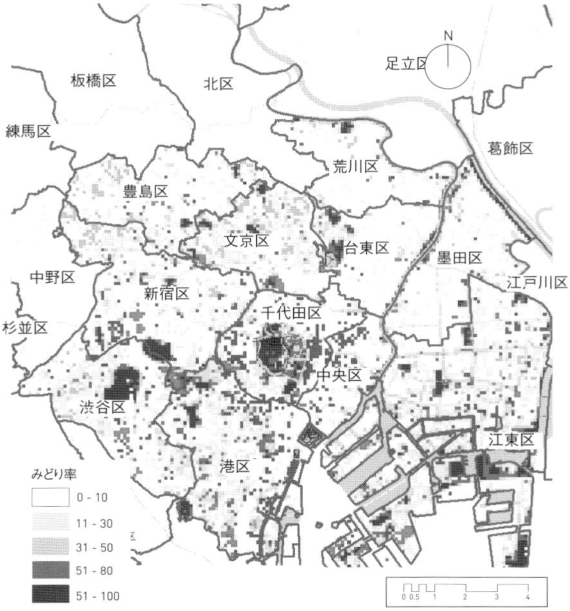

図7　東京都心の“みどり率”（メッシュ図）

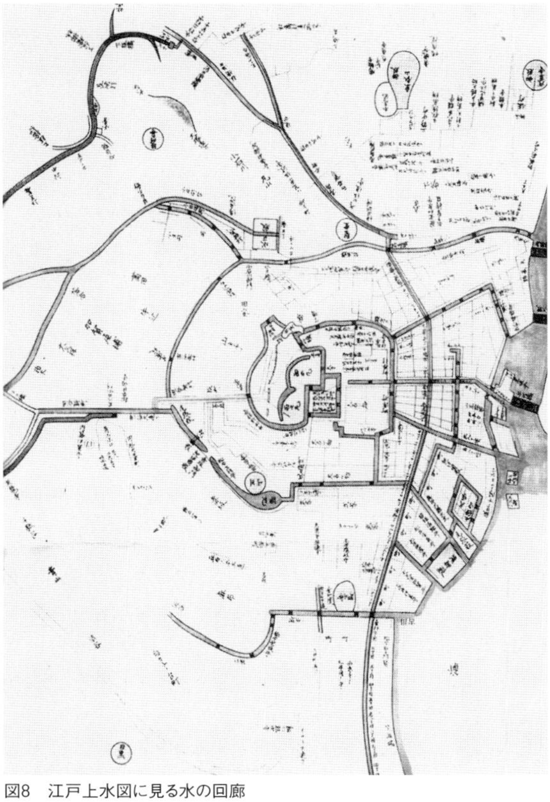

図8　江戸上水図に見る水の回廊

コラム

松江城の堀川と回廊

山陰の町・松江は城下町として観光地特有の賑わいを示している。その中心は松江城界隈で、2011年には開府400年を迎えようとしている。松江城を囲む濠は一部埋め立てられたり、幅が狭くなったりしているが、ほぼ完全な形で残存しており、城と濠が当時のまま現存する城下町は全国でも珍しい。江戸時代の城下絵図と現在を比較すると、城下の濠・町の構造はほとんど変化がない。1997（平成9）年7月20日海の日にこの堀川に「松江堀川遊覧船」がオープンした。一部が重要文化財範囲であり、様々な制約をクリアしての事業化である。濠の持つ回遊性を巧みに利用したこの遊覧船は観光拠点と街中に発着所を置いて歴史資源と街をつないでおり、歴史・エコ廻廊の事例としてきわめて興味深い。（浅井義泰）

お濠に沿う町並み

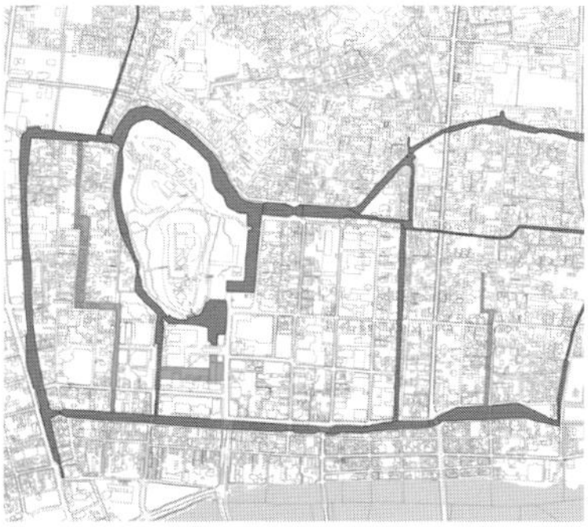

江戸期の城下絵図に見られる堀の位置。現在もほぼ同じ形で残っている

お濠を巡る遊覧船

お濠沿いの歴史資源

江戸の堀割

明治以降、全国各地に点在した近世城郭の掘割は、近代化の流れのなかでその多くが失われていく。明治となり、東京となった江戸城の掘割もまた例外ではなく、豊かな水路ネットワークを築いていた多くの濠が、順次埋め立てられていった。

しかしながらそのような状況のなかで、外濠は幸いにも広範囲に渡って造成当時の姿を現在においても良く留めている。写真は明治初年ごろの市谷濠と同見附の様子であるが、周囲の建物こそ違えど、濠の輪郭、橋の石垣などはほぼ当時の状態であることが分かる。

外濠は東京に残された江戸の遺構としてたいへん貴重な存在であると言えよう。

（高道昌志）

水を活かす

大江戸都心水と緑のコリドー・ノード創生の提案

「儒学の道」・「外濠リバーウォーク」構想

東京歴史エコ回廊「ICWP」構想

江戸市民の視点で江戸市街を概観すると、江戸の時代に立ち返った市民の歩幅、歩く早さ、一日の歩行距離など「人間尺度」に基づいて皇居（旧江戸城）を中心とした「内濠」1km圏、「外濠」2km圏を、徒歩圏として見直す事が出来る。

1860（万延元）年時の江戸中心部を示す添付図によれば、上記内濠圏と外濠圏は徒歩と舟便で、殆ど1日で回ることが可能なコースである。ここに皇居（Imperial）、江戸城（Castle）、濠（Water）、公苑（Park）で代表される“江戸回帰"なるICWP観光プログラムがシステム的に可能となる。

「儒学の道」〜「外濠」（Corridor）連結構想

「儒学の道」とは……江戸の道徳、儒学に関係の深い小石川後楽園と湯島聖堂を結ぶ約1.5kmの散策路と神田川舟運航路の2コースをいう。陸路の中間には震災復興公園で唯一現存する「元町公園」と、近隣の水道歴史

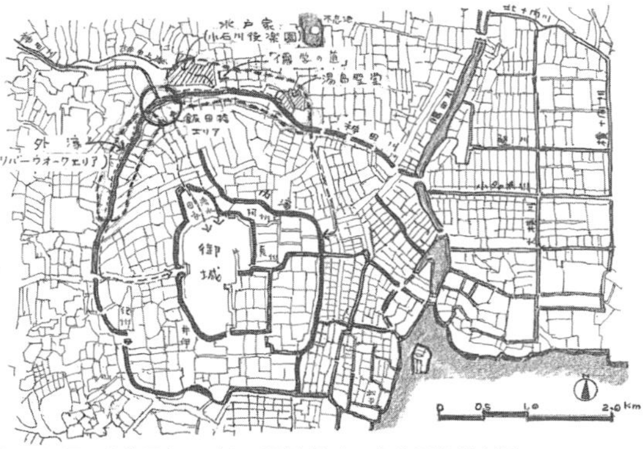

図1　江戸の古地図（1860）との関係（参考＝古地図資料出版）

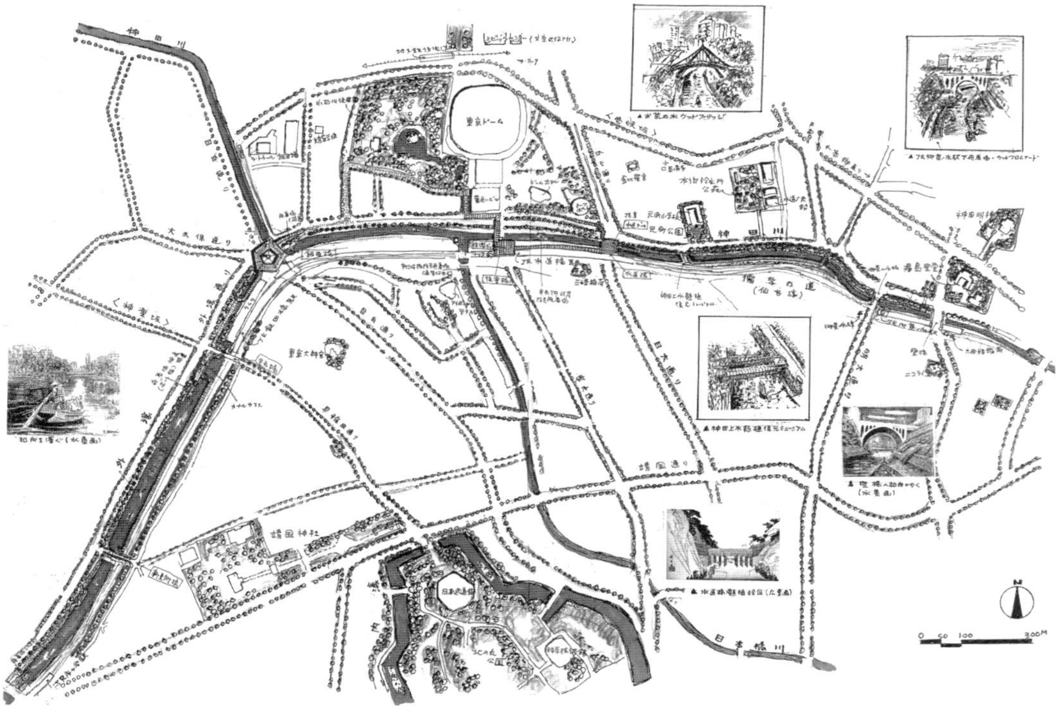

図2　「外濠」・「儒学の道」連携プロムナード構想マスタープラン

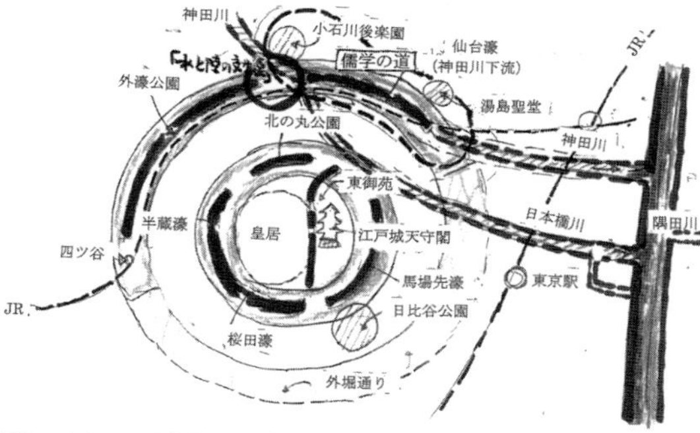

図3　東京エコ回廊「ICWP」構想

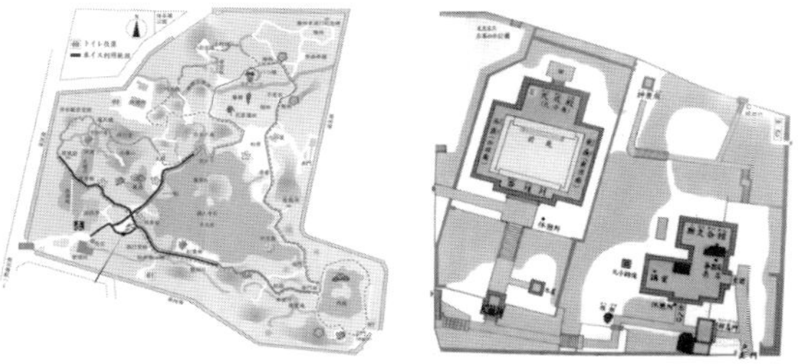

図4　(左)小石川後楽園園内図／(右)湯島聖堂

館がある。神田川の「聖橋」と「御茶ノ水橋」は震災直後に完成した名橋である。

神田川下流域は、1620年江戸城の外濠として幕府の命で仙台藩の手で 開削された運河であり、その昔は「仙台濠」と呼称された。この仙台濠区間は、現在、東京の“芯”に存在する貴重な、水と緑のオアシス“と云える。

外濠・リバーウォーク・ウッドブリッジ・和船

外濠と神田川・仙台濠を繋ぐリバーウォークの整備による、水と緑の水辺空間づくりは、外濠地区1.3km、神田川仙台濠地区2.2kmで全長3.5kmである。なお、リバーウォークにはウッドブリッジが含まれる。満潮面からのフリーボードは、基本的に1m以下とし、幅員は車椅子 が十分にすれ違える3.0m〜3.5m程度とする。デッキ材は全て国産材(下地、構造材共)で、関東圏域の産出材を使用するものとする。

「仙台濠」と「外濠」に和船を就航

1700〜1800年代、人びとは神田川の舟運の便で湯島聖堂、昌平坂学問所に通学していた。和船は江戸時代の“華”の乗物である、昔の仙台濠と外濠に和船を就航させることは、歌川広重の描いた世界を甦らせ、ひいては「江戸・東京観光」の中核となるものである。

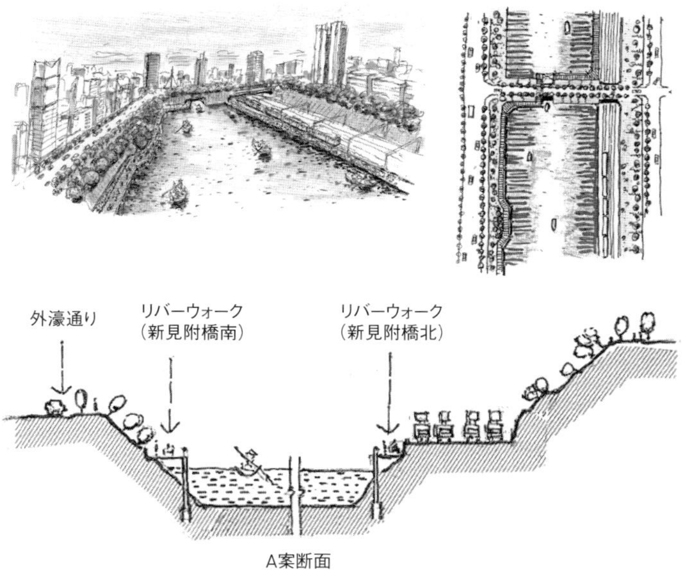

図5　筆者によるリバーウォークの提案(2案のうちの1案)

図6　リバーウォーク、独立橋タイプのイメージ(「鶴の舞橋」青森県鶴田町)

飯田橋スーパーデッキ広場（Node）提案

それまで江戸川と呼称していた神田川下流と外濠が仙台濠を介して飯田橋で三差路をなして交わるようになった。この水の交差点が以降、1980年に外濠西端埋立事業により道路が完成するまで320年続いた。戦後67年（維新後142年）経った今、飯田橋交差点は、3主要都道からなる五差路とJR線、地下鉄東西線、有楽町線、南北線、大江戸線の鉄道5線が錯綜する地上および地下の交通の要衝となっている。

この具体として、五角形の広場プランは象徴性があり、かつ現地の地上、地下の諸条件に最も適合する形と考えられる。

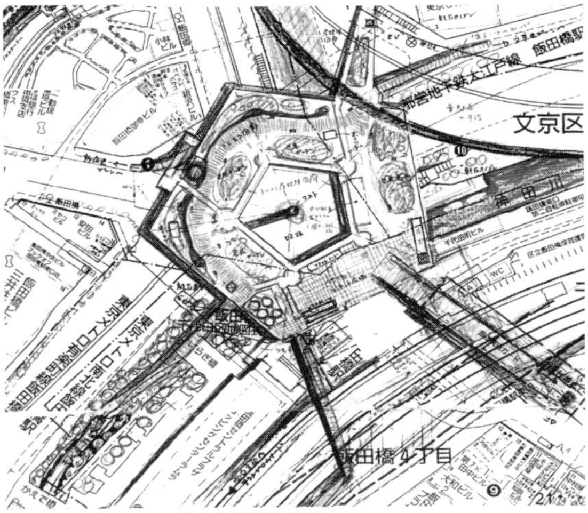

図7　飯田橋スーパーデッキ広場配置計画

図8　飯田橋交差点航空写真

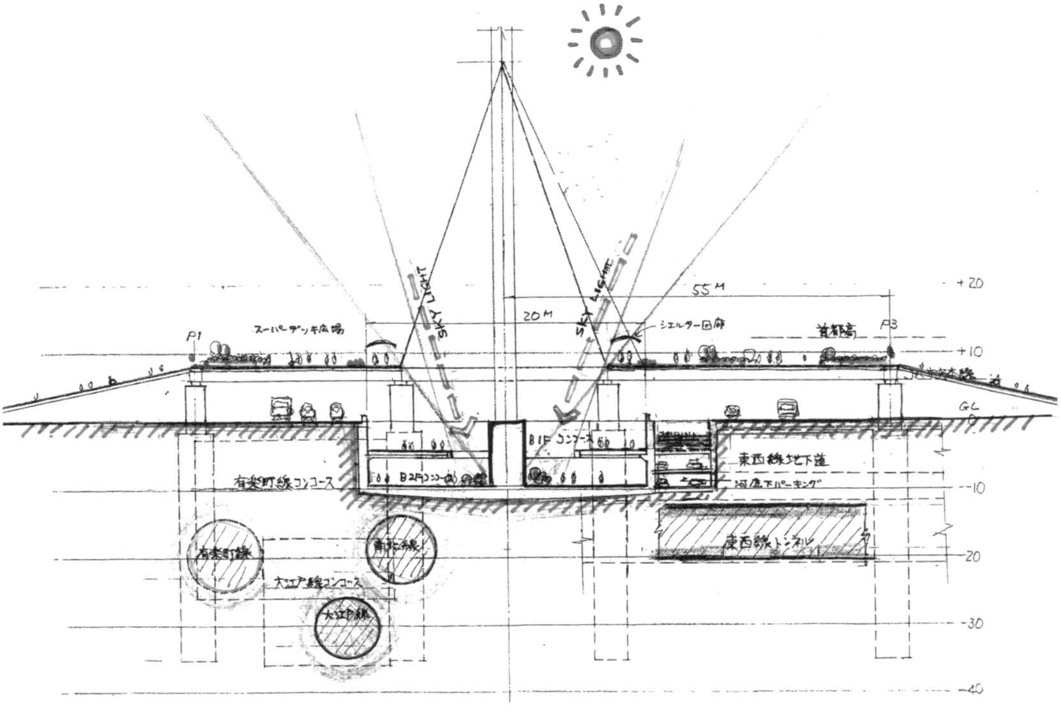

図9　飯田橋スーパーデッキ広場断面

飯田橋五差路の陸橋は、前述の通り40年余りの間、歩行者に不便を強いてきた。デッキ広場の建設は、歩行者や道路交通の不便を解消するとともに関係3区（千代田・新宿・文京）結合の象徴的な結節点（ノード）となる。

歴史回廊の要として飯田橋に、歴史回廊をエコと水と緑で繋ぐ、「飯田橋スーパーデッキ広場構想」を計画する。

（猪狩達夫）

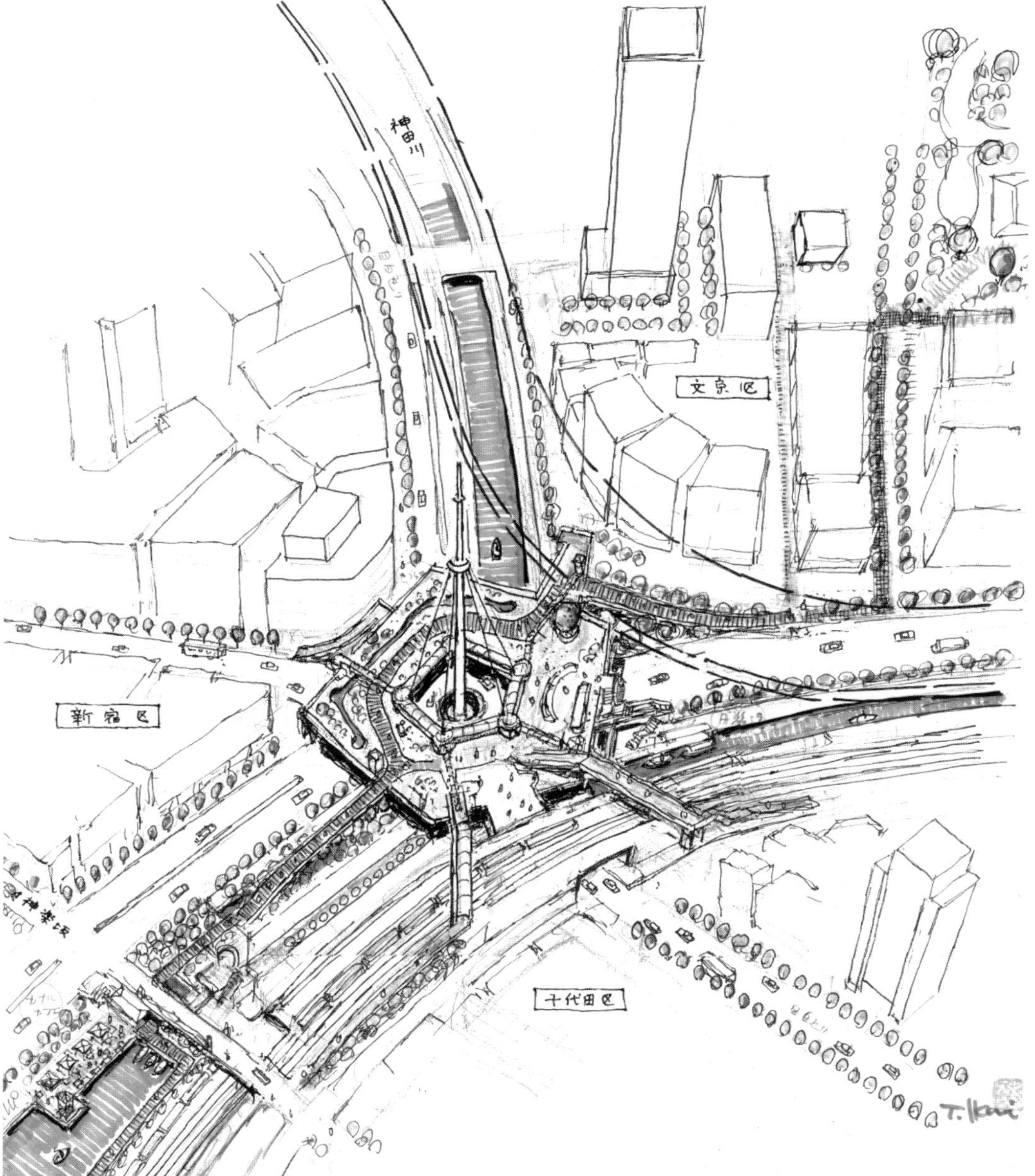

図10　飯田橋スーパーデッキ鳥瞰イメージパース

水をよくする

外濠の浄化へ向けて

外濠は紅葉谷を利用して建設され、内濠と外濠は玉川上水により水を補給される仕組みであった。玉川上水は江戸の水道といわれているが、その建設のおもな目的が庶民の生活に供することよりも、江戸城西部周辺と千川上水を廻して本郷・駿河台にある大名屋敷と江戸城の濠の給水にあったことはあまり知られていない。こうした江戸の都市構造と外濠の歴史的成り立ちと現状については、他の項で述べてあるので、それを前提として話を進める。

閉鎖水域は小規模であれば、浄化装置により浄化できるが、外濠の場合は水体が大規模であるうえに、現在は合流式下水道の捌け口となっていて、降水時には生汚水が雨水とともに流入しているので、浄化装置による浄化は簡単にはできない。ときどき行われていた浚渫による、底に溜まった汚泥の除去は費用が嵩み過ぎ、汚水が降水時に流入している現時点では、継続的に行うことは経済的な負担が大きい。また、現時点では合流式下水道からの流入は外濠の水供給源となっており、合流式下水道からの流入を断つだけでは、外濠そのものの水源がないので外濠の水涸れというジレンマに陥ることになる。往時のように、他の河川から助水として、環境用水を導入するのが、合理的な浄化対策であろう。隅田川の浄化は環境用水の導入により実現した【図1】。東京都でもかつて、「清流復活」でお濠への導水を検討さ

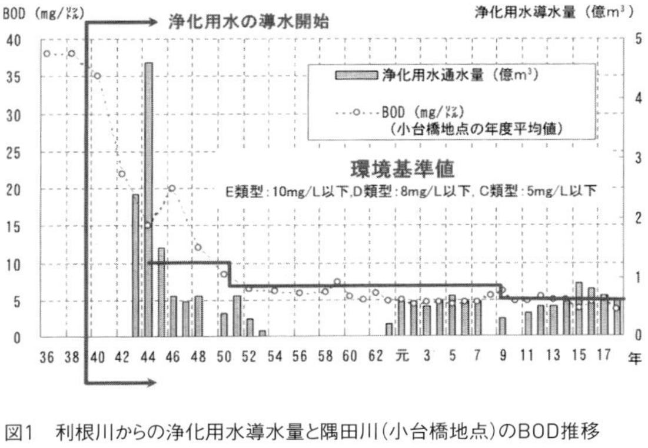

図1　利根川からの浄化用水導水量と隅田川(小台橋地点)のBOD推移

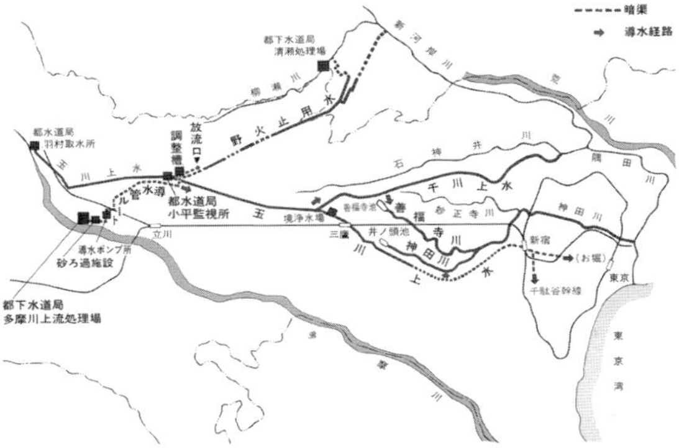

図2　清流復活計画図

れたことがある【図2】。

環境用水の導入による外濠の浄化は、次のような組合わせで進められることになろう。

外濠浄化の3ステップ

1.下水の流入を断つ(合流式下水道の改善)。

2.汚泥の浚渫・除去。

3.浄化用水の導入(環境用水として河川水を導水)。

3が外濠浄化の基幹となるものであり、最も重要かつ急務の仕事である。1および2は維持管理の仕事の一端でもあり、3の完了後に着手してもよいだろう。

水源と導水経路

基本的な水源は①地下水・湧水、②河川水、③上水などがあるが、①は都内では地盤沈下を招来するので、大規模な地下水揚水は規制されている。②は都内の中小河川は水量が少ないうえに、1961(昭和36)年の都・河川部と都・下水道局との間の協定(いわゆる、三六協定)により、合流式下水道の一部となっていて、水源としては使えない。③については、近年の水需要の減少から、東京都の保有する水利権と施設能力に余裕があり、可能性は高い【図3】。環境用水は原水のままでよく、水量も上水道のように常時、必要なわけではない。上水道の余裕のあるときだけ流せればよいので、上水道に大き

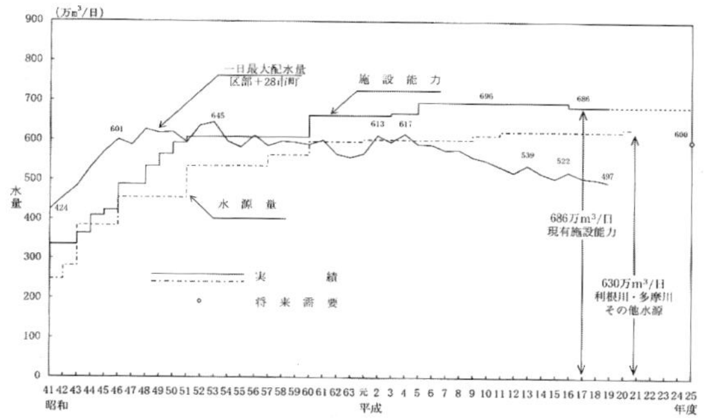

図3　東京都の水道需要、水源量および施設能力

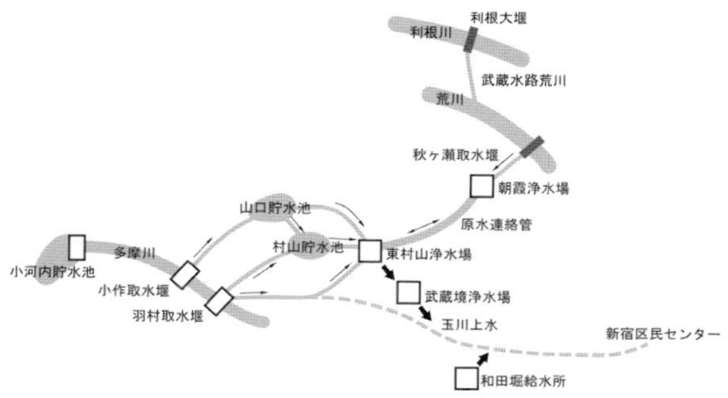

図4　利根導水連結水路

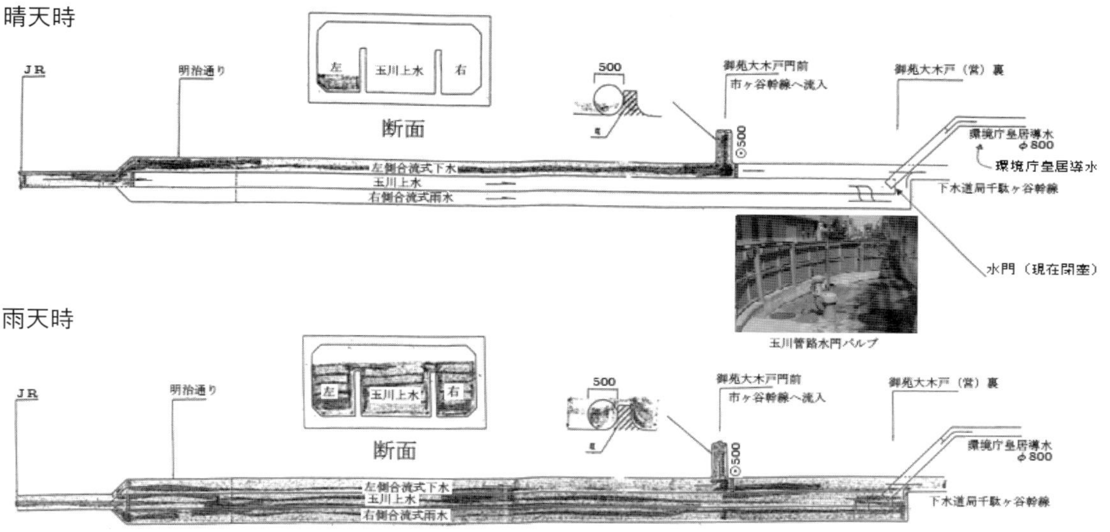

図5　玉川上水(JR 新宿駅付近ー四谷大木戸門)の現況

な負担をかけるわけではない。幸いなことに、都の水道システム内部では、利根導水により、比較的水量の豊富な利根川水系と多摩川水系とは連結されている[図4]。水源としては多摩川水系、利根川水系のいずれでもよい。このことは導水経路についても有利な条件である。玉川上水を復元して、往時の経路で給水するのが理想的であるが、残念なことに、都心部の玉川上水路は、三六協定により、下水道に供されている[図5]。したがって、現状のままでは玉川上水は使えないことになる。次善の策ではあるが、早期実現可能な経路は工業用水の一部の配水管を使って、地下鉄南北線に沿って四谷見附付近まで新規に給水経路を建設し、工業用水を転用して、利根川水系の水を供給することである[図6]。

（西谷隆亘）

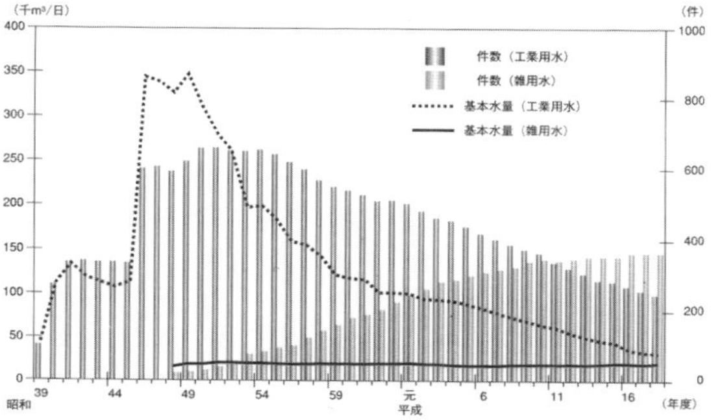

図6　東京都の工業用水の給水件数と基本水量の推移

水をよくする

玉川上水の再生と外濠の浄化

外濠の浄化の試みはこれまでに多くの方法が用いられてきた。しかし、濠のなかに浄化装置を入れるなどの小手先の技術では解決が難しいこともわかってきている。根本的な問題は、流入する汚染源である下水道の越流対策を行うのと同時に、清浄な水の導入が必要ということだ。そのひとつの方法として、玉川上水を導水する案がある。

もともと外濠には自然の川水が流れ、さらに玉川上水が導水され、維持水を担っていた。その後、1899（明治32）年に淀橋浄水場が完成したあと、導水は途絶えた。一方、内濠に対しては、1936（昭和11）年に玉川上水を注水するようになり、1965（昭和40）年に淀橋浄水場が廃止されるまで続いた。

下水については、江戸期より雨水の排水が外濠に落とされていたことから、雨天時には水の入れ替わる量が多くなっていた。近年になり、合流式下水道が整備されてからは、通常の雨は入らず、大雨時には希釈された汚水が越流する仕組みとなり、外濠の水質悪化の原因となった。下水道の合流改善については、既に取り組みが始まっており、汚水の流入を抑える対策が将来実現することを期待したい。また、雨水についても掃流水として役立つような導水の方法も検討する価値がある。

外濠の浄化には多くの論点があるが、ここでは特に玉川上水の再導入について、その意味や効用を考えてみたい。

写真1　新宿御苑内に整備された水路

お濠への導水提案

玉川上水を外濠に導水しようという案は、これまでにもいくつか見られた。建築家の河原一郎は1996年に『プロセスアーキテクチャー』誌上で「天水活用プロジェクトチーム」として、地下鉄やビルの地下水をお濠に助水する提案をして、さらに玉川上水の再生とお濠への導水に言及している。【図1】

NPO法人東京セントラルパークは2006年3月に、「東京セントラルパーク　12のリーディングプロジェクト」のなかで、水のネットワークプロジェクトとして、お濠への玉川上水の給水の復活を提案している。

地下水については、その後東京都が検討を行い、水質が不適切という判断から、外濠ではなく呑川などに導水して処理されている。水のネットワークプロジェクトの提案は、その後新宿御苑内に水路を再生する工事

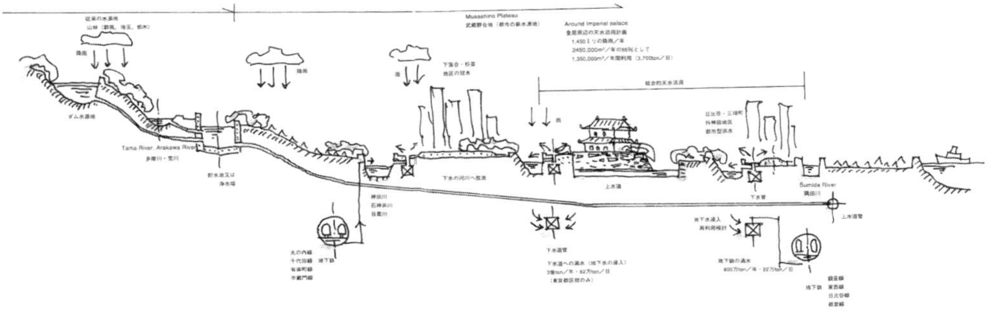

図1　河原一郎による、地下水を濠に導入する提案

が実施され、実現に一歩近づいた。【写真1】

上流部との連携

玉川上水を再生しようとする動きは武蔵野地域においても見られる。多摩川の支流である野川では1973(昭和48)年から市民による湧水保全活動が始まり、ここから玉川上水の分水網を再生させる発想が生まれてきた。1987年に出版された『都市に泉を』のなかで、渡部一二が玉川上水系水路と都内中小河川のドッキング構想を示している。【図2】

その後、1993年に東京都が多摩移管100周年記念事業として実施した多摩らいふ21事業のなかで、湧水崖線研究会が提案した「水網緑網都市構想」は玉川上水の分水網を再生することにより、武蔵野地域全体のエコロジカルな再生を目めざすものであった。

この構想は現在も引き継がれ、東京都野川流域連絡会の用水路プロジェクトの活動のなかで、下流のお濠につなげ、上流の源流地域と連携して、広域的な水系の再生をめざすべく議論されるに至っている。【図3、4】

防災面からの役割

水網緑網都市構想が発表された際に、真っ先に反応したのは東京消防庁だった。広域防災面から、生活用水の供給と避難路の確保という意味で有効と判断したからであった。水の少ない武蔵野地域で表流水としての分水の流れは災害時の大きな拠りどころとなる。

玉川上水を再生してお濠に再度導水するには、お濠の水質浄化だけに留まらない大きな社会的な効用が得られる。玉川上水を引いてくると言っても、小平水衛所でほとんどの水が上水道として取水されていることや、羽村での取水により多摩川本川の水がわずかしか流れず、その先は下水処理水が多くを占める流れになっている、という現状がある。水利権の再配分を要するこの難題が解けない限り、導水案は絵空事にすぎない。

とはいえ、東日本大震災後、社会の価値観も変化の兆しがある。飲み水も大事であるが、節電と同様に水道についても使い方を見直す必要がある。一元的な水の給水に頼るのではなく、雨水や井戸水を見直し、より自立性の高い住まい方に転換して行くことが求められる。節水や新しい水源を得ることにより、玉川上水に流す水量を増やし、武蔵野地域やお濠の水環境の再生につなげていくことが望まれる。（神谷 博）

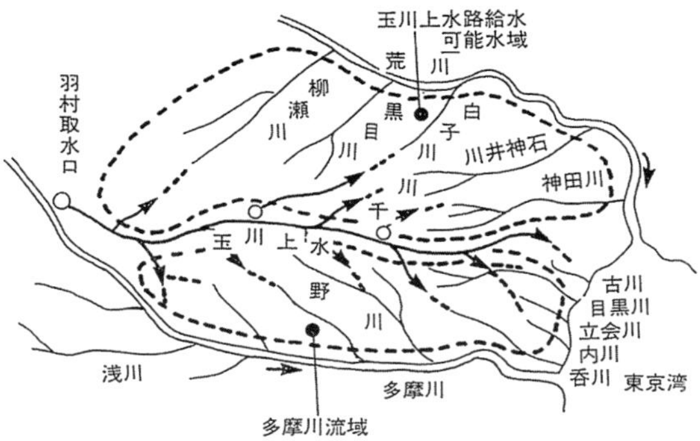

図2　玉川上水系水路と都内中小河川を合流させる渡部一二の提案（本谷勲編『都市に泉を——水辺環境の復活』日本放送出版協会、1987）

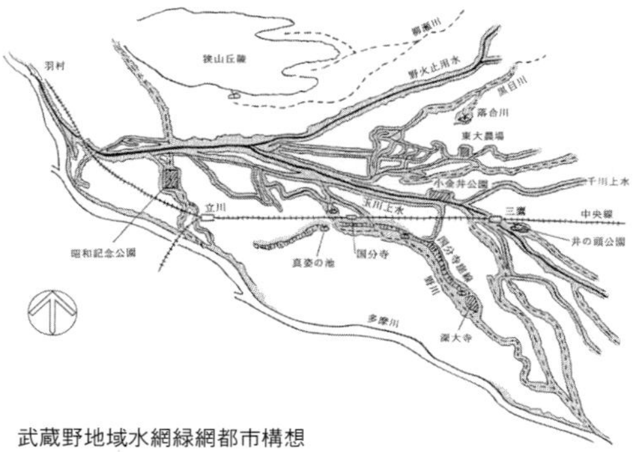

図3　武蔵野地域水網緑網都市構想

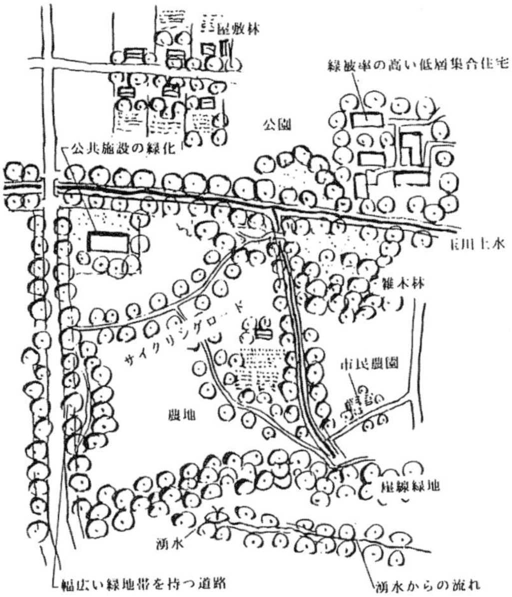

図4　地域詳細イメージ図。玉川上水沿いに100m程度、分水沿いに50m程度の水路と一体となった緑地帯を設ける。その範囲内は農家と屋敷林、畑地を保全し、公園や市民農園、雑木林を整備する。建物は公共施設や緑比率の高い低層集合住宅とする。井戸や湧水を保全し避難通路となるサイクリングロードなどを整備する

水をよくする

外濠浄化に向けての技術的な挑戦

都心は合流式下水道であるため、雨が降ると悪臭が漂うことが良くあるように感じる。外濠浄化の市民活動の取り組みとしてEM団子を投入するなどなされてきたが流入汚水の量が多すぎるなどから、大きな効果に至るのは容易ではないようである。外濠の浄化は遠大な目標かもしれないが、コンクリートにも工夫をすることにより浄化作用がある。そのことに着目して少しでも貢献できればと思い研究してきた。その挑戦のひとつを以下に紹介したい。

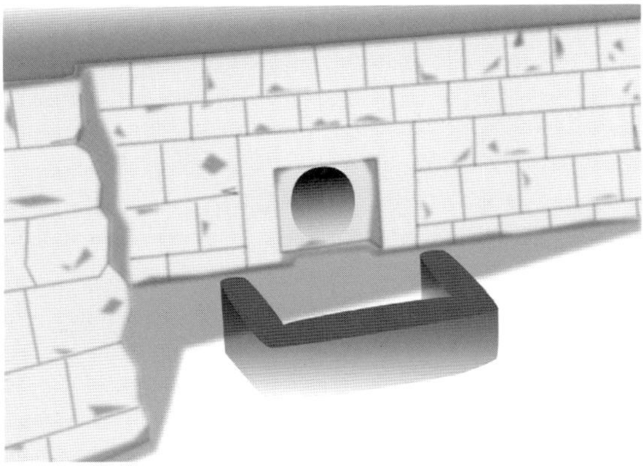
図1　排水口に設置した高機能コンクリートブロック（構想図）

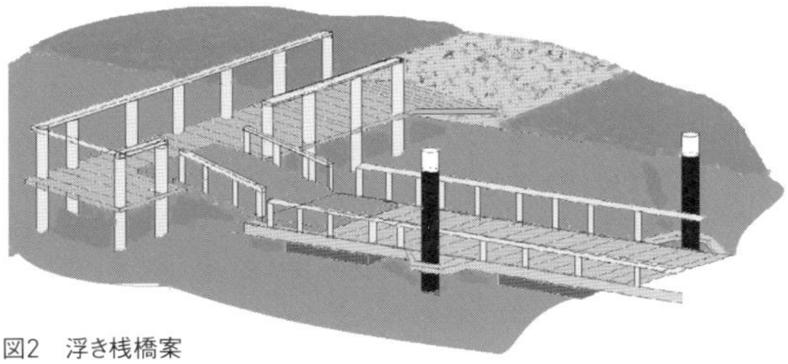
図2　浮き桟橋案

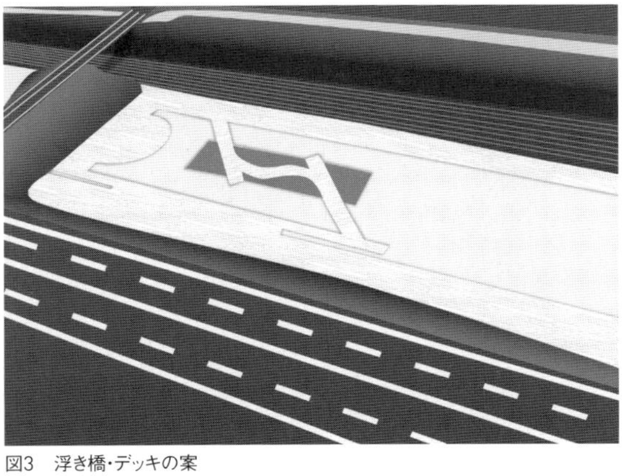
図3　浮き橋・デッキの案

研究内容は、人工ゼオライトを用いた高機能コンクリートを用いて製造したコンクリートブロックを外濠の排水口の付近等に設置[図1]、あるいは流入する下水中および外濠内に各種人工ゼオライトコンクリートブロック付設したデッキ等を設置することで[図2、3]、富栄養化に寄与する有害物質を吸着除去しようとするものである。人工ゼオライトは、石炭火力発電所から排出される産業廃棄物である石炭灰（フライアッシュ）をアルカリ処理して製造したものであり、資源循環型社会への貢献ともなる。これまで、人工ゼオライトは生ごみの堆肥化や海藻の住みやすい環境づくりなどに利用されてきたが、最近では、放射能汚染対策としてセシウムの吸着に効果があることでも話題になっている。

法政大学都市環境デザイン工学科コンクリート材料研究室では、人工ゼオライトによる有害物質の吸着機能を活用した高機能コンクリートの開発研究を行っている。具体的には、水質浄化の実用化に向けて人工ゼオライトコンクリートの開発、人工ゼオライト及びそれらを含むコンクリート等の有害物質吸着特性について実験、および人工ゼオライトコンクリートの実用に向けて水質汚染の進む市ヶ谷外濠を対象として適用について検討を進めてきている。

人工ゼオライトコンクリートの開発

人工ゼオライトを用いてコンクリートを製造し、浄化機能を十分に発揮するためには、人工ゼオライトと汚染物質が十分に接触する必要がある。そのため、多孔質のポーラスコンクリートに着目し、開発を行っている。重要な点は、穴が沢山あるコンクリートであり、更にある程度の強度が必要となることである。そこで使用するポーラスコンクリートの開発目標として、圧縮強度は

写真1　ポーラスコンクリート試験体の例

自立可能な10（N/㎟）以上とし、空隙率は十分な透水性を有する20%以上を設定した。開発した配合を用いて製造した試験体の一例を写真1に示す。

人工ゼオライトポーラスコンクリートによる有害物質の吸着

ポーラスコンクリートの吸着試験は、作製したポーラスコンクリートを所定濃度の模擬有害物質溶液の入った袋に入れて密閉し、定期的に溶液を採取し濃度を測定した。測定後は溶液の入れ替えを行い、溶液濃度が一定になるようにした。

実験にはイオン型の異なる3種類（Ca型、Na型、Fe型）をもちいて行った。各人工ゼオライトコンクリートのアンモニアイオン（NH_4^+）吸着量と吸着日数との関係から、吸着量は材齢60日までは増加するが、材齢が60日を過ぎてから、吸着量の増進がほとんどない結果となった。また、この間の吸着に与える人工ゼオライトの影響は、いずれの種類でも同等であったことがわかった[図4]。

これらのことから、吸着に対する人工ゼオライトのイオン型の影響は小さく、人工ゼオライトによる有害物質の吸着はある程度期待できる。ただし、現状では3〜4ヵ月程度で取り換える必要がある。

水質浄化施設の提案

流れのある通常の河川においては、流水に十分触れる場所に人工ゼオライトコンクリートを護岸のような形で設置することで、水質浄化が期待できることが報告されている[図5]。市谷濠のような流れのあまりない水辺では、河川とは異なり水の移動による浄化が見込めない。そのため、いくつかの施設を検討した。図1は、下水の排水口付近に人工ゼオライトコンクリートブロックを用いた堰を用いる方法である。この施設では、流れのある下水流入時に対処しようとする方法である。

図2は、外濠内に浮き桟橋を設ける案である。この案は比較的小規模な人工ゼオライトコンクリートでも設置が容易である。この浮き桟橋の下には人工ゼオライトコンクリートがぶら下げてある。図3は、外濠内に広範囲にわたって配置する浮き橋案である。この浮き橋のコンセプトは、「人が集まる憩いの空間」とし、近隣に多々存在する学校の生徒や会社の社会人のための癒しの場となると想定した上で、人々が浮き橋に訪れ、人が動くたびにコンクリートブロックと水とが接触するようにして水の流れをつくる効果を狙ったものである。また、浮き橋やデッキは市谷濠の景観を損なわないように、木材を用いるようにし、浮き橋には人工芝を設置するようにした。今後も、これらを発展させて外濠浄化に寄与したいと考えている。　　（満木泰郎、溝渕利明）

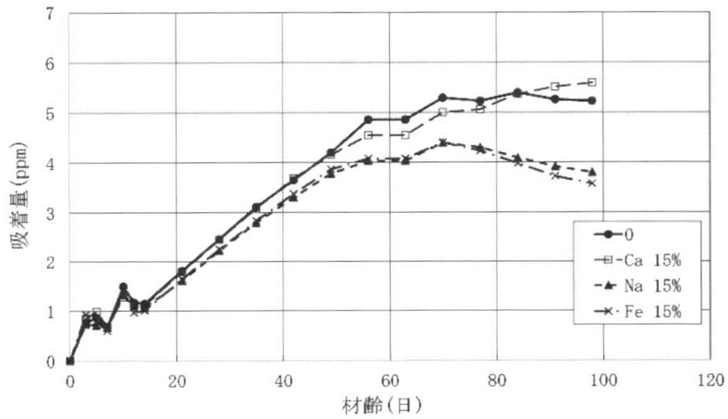

図4　総吸着量と材齢の関係（NH_4^+）

図5　水路での人工ゼオライトコンクリートによる水質浄化

外濠が生み出す東京の新たな未来像

アジアの歴史的都市景観

パラダイムシフト

東日本大震災の衝撃は、私たちの現代社会を支配している考え方を根底から変化させなければならないことに気づかせた。

自然の脅威への想像力を私たちはすっかり欠いていた。命の根底を支える食は非常に危うく、人間の叡智の結晶のはずだった科学技術は制御不可能な怪物だった。

一方で、人と人のつながりや集まって住むことの力強さ、故郷の風景への愛着が如何に大切かをも示した。

このような経験を経て、巨大首都東京は、今後どうすれば良いのだろうか?　世界中で、とくに発展途上国で、今後メガシティが増えていくことが予想されている。そのような急激な変化は、様々な歪みを生み出しやすい。

1955年より世界一の居住人口を誇り、2025年までそうした状況が続く東京で、パラダイムシフトの真っ最中にいる今、メガシティはどうあるべきか?　具体的に示すこと。それが私たちに突きつけられている問題である。

そこに大きなヒントを与えてくれるのが外濠である。

写真1　土手の桜は中央線総武線の中の乗客にとって欠かせない車窓の風景となっている。なぜ右の千代田区側が左の新宿区側に比較して高いのか、理由がある

外濠がもたらす東京の変革

外濠は、江戸城を守り、江戸の活動を支えるために、当時の技術者らが地形を読んで、つくられた。濠の内側を高くして、線状に水と緑のオープンスペースをつくった。濠の形状と位置が、土地利用の配置の決め手となり、配水排水を効率的に行うインフラストラクチャーを提供し、都市の構造となった。江戸時代が終わると、江戸幕府体制の象徴と解釈され得る城門等は取り壊され、管理が追いつかず腐臭する水面は埋め立てられた。道路や鉄道整備のために、新しいインフラストラクチャーとして再開発された。ボート乗り場や釣り堀としての再利用により、市民のレクリエーション需要を満たす一方で、戦災による瓦礫置き場のように、非常事態にも機能した。

最近では、周辺市街地に風を起こし、温度をさげる効果も注目されている。路上生活者の支援施設が暫定的に設置されたこともある。

外濠は、車のハンドルの遊び部分のように、社会の要請に応えてきた。それは水と緑の線状空地(くうち)であったからこそ可能だったのだ。線状だから接する市街地が長く、多くの関係者を巻き込める。空地だから、どう活用するかという思案をもたらす。

しかし、今、外濠へのアクセスは限られ、あちこちが分断され、遊び部分は疲弊し、市民の生活から乖離してしまった。あまりにも様々なものを受容し、恢復措置を行わなかったので、水と緑の線状空地という本来の特性が失われた。

象徴と生態の融合

フランスの地理学者であるオギュスタン・ベルクは、飯田濠の再開発敷地内の人工的な水辺空間を指して「一方には偽の川のもっぱら象徴的な水があり、他方には本物の堀のもっぱら生態学的な水がある。そして両者の間には、何もない」(篠田勝英訳『都市のコスモロジー　日・米・欧都市比較』講談社現代新書、1993)と述べる。

写真2　再開発事業の敷地内部のオープンスペースをデザインするとき、おそらく外濠であった記憶を何らか表現しようとしたのだろう。しかしデザインは表層であってはならない

写真3　空が広い外濠空間沿いは、開発適地でもある。過去からの贈り物である水と緑の空地を食いつぶしてしまって良いわけがない

ここにメガシティ東京を構想するヒントがある。

水が持つ生態的な意義を十分に発露させ、それを日常の中で活かすこと、すなわち文化の次元として捉えること。

伝承されてきた技術に最新の機器で可能となった新たな技術を融合させた石工が修理していることも見逃せない。そうやって外濠は、人工でありながら自然の地形の一部と化すようになった。

連歌の発想

そのためには、飯田橋には飯田橋、四谷なら四谷、といった各界隈がそれぞれの社会的状況のなかで、濠割りの活かし方を追求していくしかない。

こうしたやり方は日本で展開してきたまちづくりの方法そのものである。ひとつの界隈の取り組みは、自ずと隣の界隈に影響を及ぼすだろう。加藤周一は、日本文化の特徴が凝縮されたもののひとつとして連歌をあげている（『日本文化における時間と空間』岩波書店、2007）。青写真としての全体将来像を描いてから部分をつくっていくという近代的都市計画の手法ではなく、「今、ここ」に向かいがちな日本の特性をむしろ活かして、部分から次につなげていくという発想である。

同時に、外濠をひとつのゆるやかな全体として捉える視点を共有することも重要だ。それによって、都市の構造を改めて浮かび上がらせる。

外濠によって生み出される歴史的都市景観

外濠において物理的な水と文化的な水を活かせたとき、そこに生み出される風景は、江戸時代の都市づくりの大きな構想や近代化の過程で蓄積された各時代の記憶の積層である。それは現代のものでありながら、過去への回想も含めた、幅のある現代の風景である。

それを、歴史的都市景観という。

歴史的都市景観Historic Urban Landscapeは、2000年代半ばからユネスコやイコモス等世界の専門家によって議論されてきた。人が住む都市の新陳代謝を伝統的な方法で受容した結果としての風景であると概念化されてきている。

欧米の都市では、建築物が何世代も使われ続けてきた。利用の仕方が変わっても形が変わらないものがあるから、各時代の社会が到達した知見が次の世代へとバトンタッチされる。そのことを、アルド・ロッシは、都市的創成物と名づけた（大島哲蔵、福田晴虔訳『都市の建築』大龍堂書店、1991）。日本を含むアジアの諸都市では、それは建築物ではなく、たとえば外濠のような空地であるのかも知れない。

これまでは、歴史的環境は主に、建築物による継承に偏りがちだったが、外濠を通じて試すべきは、人工と自然の境目を超える空地を、そのマネジメント・システムとともに、集合的記憶を継承していくというアジア的手法である。

（窪田亜矢）

外濠を拓く

これからの景観計画

重層または並立の行政計画

外濠景観に関する多くの指摘

江戸城外濠の遺構が良く現在まで残されている。史跡外濠の周囲に関しては、神楽坂地区における超高層建築問題など、景観に関連する多くの指摘がこれまでもなされてきている。外濠が東京の稠密な市街地における貴重なオープンスペースであり、文化的意義も高いことから、これまでにも多くの言及がなされてきたものと考えられる。

外濠地区景観ガイドプラン

千代田区、新宿区、港区の3区により、「外濠地区景観ガイドプラン」が定められている。外濠地区の特性を整理したうえで、図1のようにAからFの景観類型を示し、B、C類型に応じた基準眺望点を各20選定、提示している。外濠地区の景観形成の目標として以下を列挙しており、類型に応じて景観形成の基本的方向性を示すとともに、外濠地区景観連絡会議を位置づけ、隣接区が連携して一体的広域的な景観形成を進めるとしている。

① 濠らしさの「再生」
② 外濠公園の「甦生」
③ 新たな都市集客空間への「転生」
④ 外濠周辺区域への「派生」

写真1　中央左上に見られる1984 年竣工の飯田橋地区再開発事業「セントラルプラザ・ラムラ」をはじめとして、外濠周辺では都市開発が継続的に進む。写真中央部の比較的低い街区では、飯田橋駅西口地区第一種市街地再開発事業が進行中

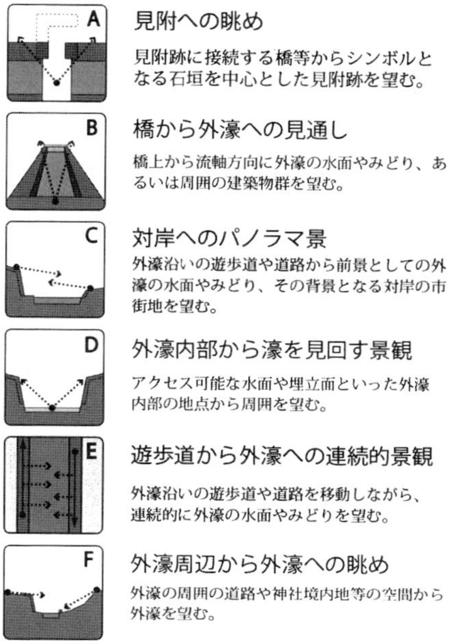
A
見附への眺め
見附跡に接続する橋等からシンボルとなる石垣を中心とした見附跡を望む。
B
橋から外濠への見通し
橋上から流軸方向に外濠の水面やみどり、あるいは周囲の建築物群を望む。
C
対岸へのパノラマ景
外濠沿いの遊歩道や道路から前景としての外濠の水面やみどり、その背景となる対岸の市街地を望む。
D
外濠内部から濠を見回す景観
アクセス可能な水面や埋立面といった外濠内部の地点から周囲を望む。
E
遊歩道から外濠への連続的景観
外濠沿いの遊歩道や道路を移動しながら、連続的に外濠の水面やみどりを望む。
F
外濠周辺から外濠への眺め
外濠の周囲の道路や神社境内地等の空間から外濠を望む。

図1　外濠地区景観ガイドプランの景観類型(千代田区、新宿区、港区)

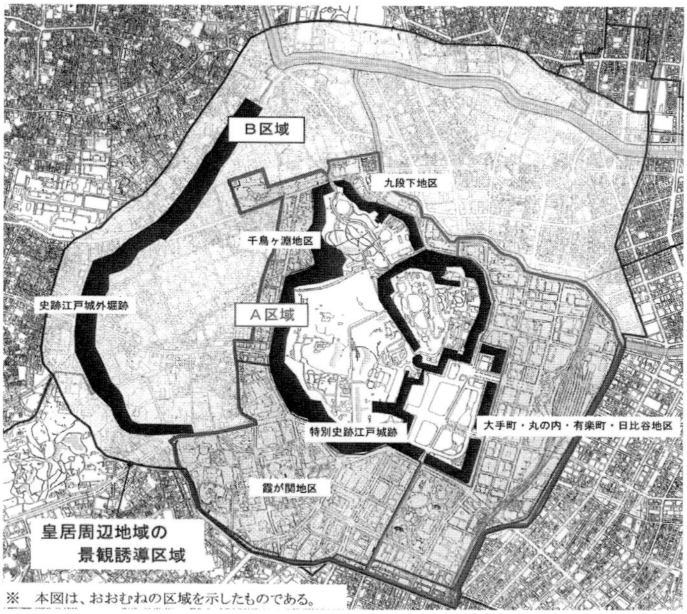
B区域
九段下地区
千鳥ヶ淵地区
史跡江戸城外堀跡
A区域
特別史跡江戸城跡
大手町・丸の内・有楽町・日比谷地区
霞が関地区
皇居周辺地域の
景観誘導区域
※　本図は、おおむねの区域を示したものである。

図2　皇居周辺地域の景観誘導区域

外濠をとりまく都市開発

外濠周辺、とくに牛込濠の両側では、高層建築物を主体とする都市開発の構想、計画、実施が相次いでいる。この本の執筆者が多く所属する法政大学のボアソナード・タワーを皮切りに150m級の超高層建築物が次々と建てられていく。皮切りとなった上記建物の景観上の是非を問われると私たちもつらいものがある一方で、今後ますます増加が見込まれるこのような都市開発と、外濠景観とをどのように捉え、また考えていくか有効な出口は見えない。

都による取り組み

東京都景観計画(2011年4月改定)では、第3章第1の「都市開発諸制度などの活用」の「皇居周辺の風格ある景観誘導」のなかで外濠周辺の景観形成が触れられている。これは皇居周辺地域を国民共通の財産として後世に伝えていくことを私たちの責務としたうえで、とくに皇居周辺地域において活発な展開が見込まれる都市開発諸制度を活用した都市開発を対象として、これを誘導していくこととされている。

皇居周辺地域とは外濠と山手線に囲まれた区域であり、そのなかはA区域とB区域に区分され、それぞれに景観誘導の方針や基準が定められている[図2]。このうちB区域は「史跡江戸城外堀跡の水と緑を始め、地域特性を一体的に生かして景観形成を進める観点から設定」したとされ、以下のような景観形成基準が見られる。

- 圧迫感を軽減するような形態、配置
- 周辺歴史的建造物との調和
- 眺望点からの見え方への特別の配慮
- 首都の風格にふさわしい質の高さ
- 広告物配慮

以上のように、広域行政体である東京都の景観計画は、外濠周辺において都市計画諸制度を活用した都市開発の実施に際しての留意事項、誘導の考え方が示されている。

重層または並立の計画の行く先

以上見たとおり、外濠の環境や景観に興味を持つ人びと、専門家などはその保全的視点から多くの発言をし、地元区は濠を活かす方向での計画的位置づけを発信し、東京都は周辺における都市開発の留意事項を示している。外濠という具体的な空間をめぐり、いわば重層的または並立的な計画がもたれているともいえ、ここでも東京特別区制度に起因する複雑な状況を呈している。外濠をめぐるこれからの景観計画は、この重層的状況の何らかの整理が必要になるだろう。(高見公雄)

外濠を拓く

外濠隣接3区連携による眺望景観保全の取り組み

平成20年度に策定された『史跡江戸城外堀跡保存管理計画書』では、外濠の歴史的価値を高め、さらに周辺環境を含めた広域的な景観形成の方針が示され、そのなかでもとくに眺望景観保全の重要性が謳われた。その理由として、地形、水面、緑によって創り出される奥行きや広がりのある景観、あるいは見附や橋などを主対象としたシンボリックな景観が継承されており、東京都心部の貴重な歴史的眺望・景観であるということが挙げられる。また、こうした景観体験を可能にする視点場としての遊歩道や公園などのオープンスペースが外濠内外に存在している。

しかしながら、このような外濠の眺望景観は、文化財保護法に基づく史跡地内の現状変更許可という規制、あるいは史跡とほぼ重複するように指定されている都市計画法に基づく都市計画緑地や風致地区だけでは到底守り得ない[図1]。事実、史跡地外では、濠沿いの首都高速道路の高架や駅や見附跡の周囲の超高層ビルが立ち並び、それらは外濠の歴史的眺望景観に非常に大きなインパクトを与えている。つまり、外濠の隣接地、さらには周辺地域における土地利用や建築物の高さ、形態、意匠、色彩等をコントロールしてはじめて、外濠の眺望景観は保全されるのである。加えて、このような眺望景観は、視点場（見る側）と視対象（見られる側）がひとつの区の範囲内にとどまらないケースが多い。土手から濠を介して対岸の市街地を望むパノラマ景、橋から水面を流軸方向に望むヴィスタ景などに関しては、外濠に隣接する千代田区、新宿区、港区の都市計画・景観行政の連携・協働は欠かせない。

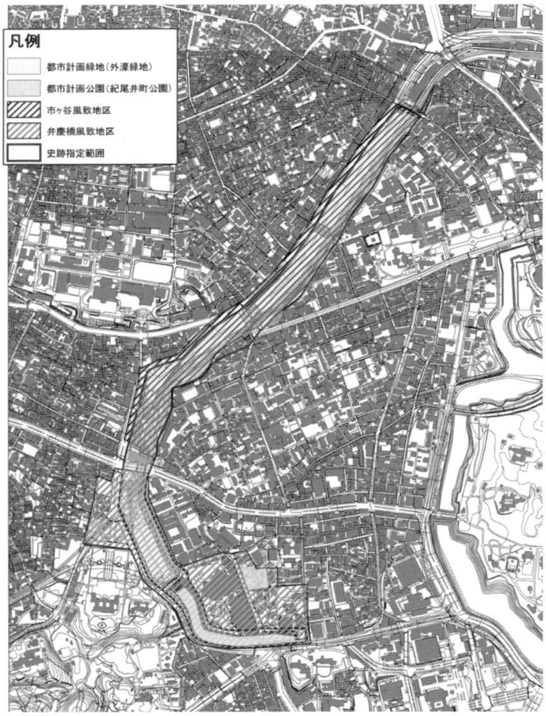

図1　外濠の景観保全に関わる諸規制

こうした状況を鑑み、2008年度には上記の隣接3区の景観行政によって、外濠の景観像や連携・協働による景観コントロールの基本的方向性を共有するための検討委員会が設置され、『外濠地区景観ガイドプラン』が策定された[*1]。当ガイドプランの概要は以下のとおりである。

① 計画対象範囲は、外濠の周辺の谷から台地に至る地形的変化をカバーすることのできる史跡地の境界線の周囲200mの範囲に設定。
② 外濠の地形や空間構造が生み出す特徴的な景観体験に対応した眺望景観を6種に類型化[図2]。
③ 類型ごとの景観形成の基本的な方向性（方針）を提示。
④ 類型B（橋から外濠への見通し）及び類型C（対岸へのパノラマ景）に関しては、景観シミュレーションや景観アセスメントを実施するための「基準眺望点」を選定[図3]。将来的には、眺望景観ごとに現状、課題、景観形成の目標を示した「カルテ」の作成を想定。
⑤ 3区が継続的に意見交換を行い、また当ガイドプランを試行的に運用していく組織としての外濠地区景観連絡会議の設置の提案。

景観類型		模式図	景観の概要	景観形成の基本的な方向性
A	見附への眺め	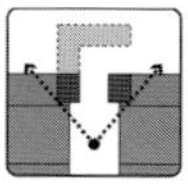	見附跡に接続する橋等からシンボルとなる石垣を中心とした見附跡を望む。	・見附跡とその周囲では、建築物・工作物・屋外広告物は、現存する枡形石垣のシンボル性が高まるよう、また往時の見附の空間的広がりが感じられるよう配置、形態意匠、色彩、外構に配慮する。 ・橋上から見附跡を望んだ場合の背景に現れる建築物・工作物・屋外広告物は、現存する石垣等と調和するように配慮する。 ・見附跡を望む視点場（眺望点）となる橋梁は、歴史性や地域性に配慮し、橋詰、橋脚、親柱、欄干など一貫したコンセプトのもとにデザインの質の向上に努める。
B	橋から外濠への見通し（パースペクティブ）		橋上から流軸方向に外濠の水面やみどり、あるいは周囲の建築物群を望む。	・外濠に架かる橋では、濠を望む視点場としての快適性、安全性の向上に努め、特に良好な眺望が得られる地点を基準眺望点として設定する。 ・橋からの眺望に影響を与える外濠沿いの街区では、建築物・工作物・屋外広告物は、当該眺望に調和するように配慮する。 ・外濠の自然要素（地形・水・緑）の保全に必要な措置を講ずる。特に、歴史的、生態的、あるいは視覚的な視点から適切な植生管理を行う。
C	対岸へのパノラマ景	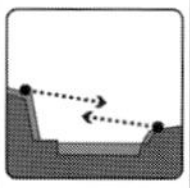	外濠沿いの遊歩道や道路から前景としての外濠の水面やみどり、その背景となる対岸の市街地を望む。	・外濠沿いの遊歩道や歩道においては、濠を望む視点場としての公共性、近接性、快適性の向上に努め、特に良好な眺望が得られる地点を基準眺望点として設定する。 ・各基準眺望点からの眺望に影響を与える領域では、建築物・工作物・屋外広告物は、当該眺望に調和するように配慮する。 ・眺望の主たる対象となる坂道、斜面の緑地、独立樹、建造物の保全に必要な措置を講ずる
D	外濠内部から濠を見回す景観		アクセス可能な水面や埋立面といった外濠内部の地点から周囲を望む。	・濠の内部（埋立面、水面、駅ホーム等）においては、濠を望む視点場としての公共性、近接性、快適性の向上に努める。 ・文化財保護法に基づく史跡地内では、濠の地形が認識できるよう配慮する。
E	遊歩道から外濠への連続的景観（シークエンス）	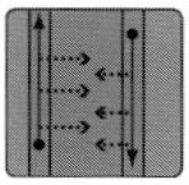	外濠沿いの遊歩道や道路を移動しながら、連続的に外濠の水面やみどりを望む。	・外濠への連続的な眺めが得られる土手及び外堀通りの歩道部分では、連続的な遊歩道の確保に努め、質の高い歩行・滞留空間を維持・創造する。 ・土塁上や法面の植生に関しては、歴史的、生態的視点、また対岸への眺望確保という視点から適切な植生管理を行う。 ・外濠公園の近代ランドスケープ遺産としての価値を重視し、歴史的価値の認められる工作物、園路や階段の位置を適切に保存する。
F	外濠周辺から外濠への眺め		外濠の周囲の道路や神社境内地等の空間から外濠を望む。	・史跡地の周囲では、築物・工作物・屋外広告物は、道路、坂、神社境内等の公共的空間から外濠の水や緑が望める眺望に調和するように配慮する。 ・史跡地の周囲では、外濠との空間的・視覚的つながりに配慮したオープンスペース・歩行空間の確保、緑化、また適切な空間（建物・オープンスペース）用途の誘導を進める。

図2　外濠における眺望景観の類型

ガイドプランの策定以降、3区では不定期に連絡会を開催し、ゆるやかな連携から3区協働による眺望景観保全の取り組みを進めようとしている。

とはいえ、景観法や景観条例に基づき開発行為に対して景観コントロールを行えるのは当該区だけであり、各々の区の取り組みの充実が求められる。新宿区では平成22年度に、法定の景観計画のなかで、史跡地から概ね200mの範囲を対象に「歴史あるおもむき外濠地区」が指定され、より詳細な景観コントロールを可能とした。港区でも同様に景観のなかで、現在外濠を景観形成特別地区に指定するための検討が行われている。さらに千代田区においても、現在景観計画の策定が進められており、こうした各区主体の取り組みとあいまって3区の連携・協働の仕組みが発展していくことが期待されている。（岡村 祐）

*1　眺望景観の類型化や多数の基準眺望点を設定する手法は、先進事例としての大ロンドン市Greater London Authority: GLAによる眺望景観保全計画（London View Management Framework:LVMF）が参照された。LVMFでは、テムズ川の岸辺や橋上に33ヵ所の眺望点が設定され、複数の区Boroughにまたがる眺望景観の保全に取り組んでいる。

図3　基準眺望点の位置

参考文献

貝塚爽平著『東京の自然史』（紀伊國屋新書、1964）

千代田区、港区、新宿区『史跡江戸城外堀保存管理計画書』（2008）

千代田区『千代田区史』

ふるさとの杜活力調査事業「千代田区・江戸城外堀堤塘地の植生調査（研修会資料）」

鈴木理生著『江戸の川 東京の川』（井上書院、1989）

戸沼幸市著『人間尺度論』（彰国社、1978年）

河原一郎著「東京に希望と再生を」『プロセス・アーキテクチャー』1996年3月号（プロセスアーキテクチャー、1996）

野口富士男著「外濠線に沿って」『私のなかの東京』（岩波現代文庫、2007）所収

『新撰東京名所図会　麹町区之部下巻一』（東陽堂、1899）

法政大学百年史編集委員会『法政大学の100年』（1980）

穂積重行編『穂積歌子日記 1890-1906——明治一法学者の周辺』（みすず書房、1989）

雨宮敬次郎著『過去三十六年事跡』（武蔵野社、1976）

蒔田耕『牛込花街読本』（牛込三業会、1937）

『東京眼科病院年報』（東京眼科病院、1901）

『牛込町誌』第一巻

夏目漱石著『硝子戸の中』（岩波文庫、1963）

オギュスタン・ベルク著、篠田勝英訳『都市のコスモロジー——日・米・欧都市比較』（講談社現代新書、1993）

加藤周一著『日本文化における時間と空間』（岩波書店、2007）

アルド・ロッシ著、大島哲蔵、福田晴虔訳『都市の建築』（大龍堂書店、1991）

岡村祐著『英国ロンドンにおける新・眺望景観保全計画の基本的枠組み』（日本建築学会報告集、NO.32、p329-334）

図・写真クレジット

＊記載のない写真及び図版のクレジットは、執筆者または編者に帰属する。

ページ	種類	提供者	出典
カバー		鈴木知之(撮影)	
表紙	図	輪島梢子	
1-8	写	鈴木知之(撮影)	
14-15	写	鈴木知之(撮影)	
16-17	図1		法政大学デザイン工学部森田喬研究室提供の図をもとに作成
	図2, 3		貝塚爽平著『東京の自然史』(紀伊國屋新書、1964)より図「山の手台地の開析谷と泥炭地」をもとに作成
	図4		『史跡江戸城外堀保存管理計画書』をもとに作成
18-19	図	岡本哲志	
20-21	図	岡本哲志	
22-23	図	岡本哲志	
24-25	図1		『史跡江戸城外堀保存管理計画書』、『千代田区史』をもとに作成
	図2		『千代田区史』、鈴木理生『江戸の川、東京の川』(井上書院、1989)をもとに作成
	図3	神谷博	
26-27	図	岡本哲志	
28-29	図1	高橋賢一	
	写1, 2	恩田重直(撮影)	
	写3	石井始	
30-31	図1		千代田区教育委員会蔵。『史跡江戸城外堀跡保存管理計画書』10頁。千代田区の許可を得て引用。モノクロ変換、一部切り取り等修正を加えた
	写1-4	佐々木政雄(撮影)	
32-33	図1		国史跡江戸城外堀ガイドマップ、東京都市計画図をもとに作成
	写1	高見公雄(撮影)	
34-35	図	輪島梢子	
36-37	図	輪島梢子	
38-39	図	輪島梢子	
40-41	写	鈴木知之(撮影)	
42-43	図1	輪島梢子	
	写1-7	高道昌志(撮影)	
44-45	図1, 2	岸田大地	
	写1	高道昌志(撮影)	
	写2, 3	岸田大地(撮影)	
46-47	図1	小松妙子	
	写1-3	小松妙子(撮影)	
48-49	図1-4		『史跡江戸城外濠保存管理計画』203、204頁。千代田区の許可を得て引用。モノクロ変換等修正を加えた
	写1, 2	小松妙子(撮影)	
50-51	図1	輪島梢子	
	図2	寺田佳織	
	図3-6	金谷匡高	
	写1		北島規矩朗編『陸軍軍醫學校五十年史』陸軍軍醫學校、1936
52-53	図		「麹町区飯田町堀留ヨリ小石川橋際ニ至ル新川開鑿」第12巻第167号7-9ノ甲、明治33(1900)年5月7日(『東京都市計画史料集成:明治大正篇12』本の友社、1987)所収
	図2		部分、「甲武鉄道線路新宿ヨリ神田三崎町迄延長ノ件」第5巻第85号52-58、明治25(1892)年10月19日(『東京都市計画史料集成:明治大正篇5』本の友社、1987)所収
	図3	鉄道博物館	
	写1	恩田重直(撮影)	
54-55	図1		『東京都市計画資料集成第5巻』本の友社、1987
	図2, 3		菅原恒覧『甲武鉄道市街線紀要』共益商社書店、1897
	写1	法政大学大学史資料委員会	
	写2		川上幸義『新日本鉄道史(上)』鉄道図書刊行会、1966
56-57	図1		井口悦男編『帝都地形図』之潮(2005)
	写1		『土木建築工事画報』No.10、1927
	写2		『第二回改良講演会記録』鉄道省工務局、1927
	写3		『アサヒグラフに見る昭和前史(2)』朝日新聞社、1975

58-59	図1		『東京都市計画資料集成　第23巻』本の友社、1987
	図2		『新選東京名所図会　麹町区之部下巻一』東陽堂、1899
	写1, 2		横浜開港資料館所蔵
60-61	図1, 2	東京都公園協会	
	写1	小藤田正夫（撮影）	
	写2	法政大学大学史資料委員会	法政大学百年史編集委員会編『法政大学の100年』法政大学百年史編集委員会、1980
62-63	図1		『都市計画東京地方委員会議事速記録第4巻』1933
	図2, 3	東京都公園協会	
64-65	図1	東京都公園協会	
	写1, 2		東京都編『東京都戦災誌』東京都、1953年
66	図1		法政大学図書館所蔵
	写1-3	高道昌志（撮影）	
67	写		横浜開港資料館所蔵
68-69	図	岡本哲志	
70-71	図	岡本哲志	
72-73	図1	高道昌志、金谷匡高	
	図2, 3	輪島梢子	
	図4	高道昌志	
	写1		井上卓二編『風俗画報』東陽堂、1889
74-75	図1	高道昌志	
	写1		井上卓二編『風俗画報』東陽堂、1889
	写2	高道昌志	
	写3		マリサ・ディ・ルッソ、石黒敬章監修『大日本全国名所一覧——イタリア公使秘蔵の明治写真帖』平凡社、2001
	写4	高道昌志	
76-77	図1		津田安治編『東京眼科病院年報』東京眼科病院、1901
	図2	高道昌志、輪島梢子	
	写1, 2	法政大学大学史資料委員会	法政大学百年史編集委員会編『法政大学の100年』法政大学百年史編集委員会、1980
78-79	図1-7	高橋賢一	
80-81	図8	高橋賢一	
	写1-3	鈴木知之（撮影）	
82-83	図1-3	奥富小夏、高垣麻衣花、高木玄太、高松達弥、三浦奈々子、山口みなみ	
	写1	奥富小夏、高垣麻衣花、高木玄太、高松達弥、三浦奈々子、山口みなみ	
83	写		松島栄一、影山光洋、喜多川周之編『思い出の写真集——東京・昔と今』ベストセラーズ、1971
84-85	図1, 2		法政大学図書館所蔵
	図3-5	東京都歴史文化財団イメージアーカイブ	東京都江戸東京博物館所蔵
	図6	東京都歴史文化財団イメージアーカイブ	William Sturgis Bigelow Collection 11.16681 Photograph © 2012 Museum of Fine Arts, Boston. All rights reserved. c/o DNPartcom（ボストン美術館所蔵）
86-87	写1		松島栄一、影山光洋、喜多川周之編『思い出の写真集——東京・昔と今』ベストセラーズ、1971
	写2	鉄道博物館	
88-89	写1	読売新聞社	「読売新聞」昭和17年10月10日夕刊
	写2	読売新聞社	「読売新聞」昭和46年5月1日朝刊
90-91	図1	高道昌志	
	写1-3	高道昌志（撮影）	
92-93	図1		法政大学図書館所蔵
	図2	仲原千晶	
	写1	真野洋平（撮影）	
94	写1-6	町田正信（撮影）	
95	写		岩波書店編集部編『岩波写真文庫58 千代田城』岩波書店、1952

96-97	図1		国土地理院の数値地図25000(空間データ基盤)、数値地図50mメッシュ(標高)、海底地形デジタルデータ(M7000シリーズ)をもとに作成
	図2		国土地理院の数値地図25000(空間データ基盤)、数値地図50mメッシュ(標高)、数値地図5mメッシュ(標高)をもとに作成
	図3		国土地理院の数値地図5mメッシュ(標高)をもとに作成
	図4		国土地理院の数値地図5mメッシュ(標高)、東京の地盤,新宿区地盤情報閲覧システム、ボーリング柱状図(千代田区提供)をもとに作成
	写1	明石敬史(撮影)	
98-99	図1-7	岡泰道	
100-101	図1		国土地理院の数値地図5m(標高)をもとに作成
	図2		東京都1/2500地形図をもとに作成
	写1	明石敬史(撮影)	
102-103	図1	出口清孝	Google Earthをもとに作成
	図2-5	出口清孝	
104-105	図1-4	宮下清栄	
106-107	図1-5	朴賛弼	
	写1	朴賛弼(撮影)	
108-109	図1-5	宮下清栄	
110	図1-3	宮下清栄	
111	写		仲摩照久編『日本地理風俗大系 第二巻』新光社、1931
112	写		仲摩照久編『日本地理風俗大系 第二巻』新光社、1931
113-121	写	鈴木知之(撮影)	
122-123	図1-5	小松妙子	
124-125	地図	高道昌志、金谷匡高、寺田佳織、荻山陽太朗、中川達慈、吉田琢真	
	図	高道昌志、金谷匡高、越前彰仁、小川拓馬、駒井穂乃美、寺田佳織、仲原千晶、山崎夏美、荻山陽太朗、中川達慈、吉田琢真	
126-127	地図	高道昌志、金谷匡高、寺田佳織、荻山陽太朗、中川達慈、吉田琢真	
	図	高道昌志、金谷匡高、越前彰仁、小川拓馬、駒井穂乃美、寺田佳織、仲原千晶、山崎夏美、荻山陽太朗、中川達慈、吉田琢真	
128-129	地図	高道昌志、金谷匡高、寺田佳織、荻山陽太朗、中川達慈、吉田琢真	
	図	高道昌志、金谷匡高、越前彰仁、小川拓馬、駒井穂乃美、寺田佳織、仲原千晶、山崎夏美、荻山陽太朗、中川達慈、吉田琢真	
130-131	地図	高道昌志、金谷匡高、寺田佳織、荻山陽太朗、中川達慈、吉田琢真	
	図	高道昌志、金谷匡高、越前彰仁、小川拓馬、駒井穂乃美、寺田佳織、仲原千晶、山崎夏美、荻山陽太朗、中川達慈、吉田琢真	

132-133	図1	SOTOBORI CANAL WONDER	
	写1-6	SOTOBORI CANAL WONDER	
134-135	図1	Sotobori Canale	
	写1	大塚真之(撮影)	
	写2	松山博樹(撮影)	
	写3, 4	大塚真之(撮影)	
	写5	遠藤博明(撮影)	
	写6	Sotobori Canale(撮影)	
136	写1-3	鈴木知之(撮影)	
137	写	蓮見和紀(撮影)	
	図	高道昌志	
138-139	写	蓮見和紀(撮影)	
	写	石井巧(撮影)	
140-141	写	蓮見和紀(撮影)	
	写	石井巧(撮影)	
142	写	鈴木理生	
144-145	写	鈴木知之(撮影)	
146-147	図1, 2	高橋賢一	
	図3		『公園緑地第3巻第2第3合併号』公園緑地協会、1939
	図4		石田頼房編『未完の東京計画』(筑摩書房、1992)をもとに作成
148-149	図5-7	高橋賢一	
	図8		鈴木理生「江戸東京の川と水辺の事典」(筑摩書房、2003)より、東京都公文書館所蔵の図の一部
150	図1	半田祥子	
	写1-3	浅井義泰(撮影)	
151	写		マリサ・ディ・ルッソ、石黒敬章監修『大日本全国名所一覧――イタリア公使秘蔵の明治写真帖』平凡社、2001
152-153	図1-3, 6	イカリ設計	
	図4	東京都公園協会	
	図5	斯文会	
154-155	図7, 8, 10, 11	イカリ設計	
	図9	飯田橋交差点勉強会	
156-157	図1		国土交通省関東地方整備局事業評価監視委員会(平成20年度第1回、水資源機構)より引用
	図2		「野火止用水清流の復活、東京都環境保全局自然保護部」(東京都、1984)
	図3,		「東京の水道」(東京都水道局、2008)
	図4	西谷隆亘	
	図5		法政大学エコ地域デザイン研究所
	図6		「東京の工業用水道」(東京都水道局、2007)
158-159	図1		河原一郎「東京に希望と再生を」(『プロセスアーキテクチャー』プロセスアーキテクチャー、1996)
	図2	渡部一二	本谷勲編『都市に泉を』(NHKブックス)より引用
	図3, 4		「多摩らいふ21」湧水崖線研究会報告書をもとに作成
	図5	神谷博	
	写1	神谷博(撮影)	
160-161	図1-5		外濠地域の再生デザインと整備戦略2009年度「千代田学」研究助成に係る報告書より引用
	写1		外濠地域の再生デザインと整備戦略2009年度「千代田学」研究助成に係る報告書より引用
162-163	写1-3	窪田亜矢(撮影)	
164-165	図1		外濠地区景観ガイドプラン
	図2		東京都景観計画2011年4月改定版
	写1	高見公雄(撮影)	
166-167	図1-3		外濠地区景観ガイドプラン(素案)

江戸東京の水回廊の構築へ

あとがきにかえて

本書の舞台“外濠”は東京都心の山の手、四谷を扇の要に南の赤坂、市谷から飯田橋にかけて北に伸びる総延長4kmにおよぶ貴重な水辺である。その印象の多くは豊かな水面にあるが、濠を挟んだ谷戸地形に沿った雄大な空間、あるいは外濠公園の桜並木や法面の松林、長年慣れ親しんだボート場などで東京都心を代表する景観のひとつといってよい。しかし、この空間が“史跡江戸城外堀跡”と称される国指定の文化財であることを知る人は思いのほか少ない。また水質悪化による臭気やアオコの発生、外堀通りの歩道の狭さや街路樹の貧弱さ、無秩序に並ぶ沿道の建築群や大規模開発で生まれた高層ビルによる空間の遮蔽など、改善すべき多くの課題が指摘されている。

ところで法政大学校歌の冒頭には次のような歌詞がある。“見はるかす窓の富士が峰の雪　蛍集めむ門の外濠　よき師よき友つどひ結べり”。作詞者は抒情的な作風で知られる詩人、小説家でもある佐藤春夫、時は1930年である。帝都東京の風景を激変させた関東大震災から7年が経ち、世界大恐慌に立ち向い新しい国づくりを担う若人の士気を高めんと意を注いだという。たった3行の短なことばながらキャンパスを包む外濠の往時の風景が読み取れる。真っ白な雪に覆われた富士が大小の山々をいだく。これを遠景とする雄大なパノラマ。蛍舞う美しく澄んだ濠と御門の石垣遺構。桜や松の木々に包まれた土手の公園と、そこに集う人びとの輪。そして学生たちに歌われ市谷の両岸にこだまする。まさに自然の美を活かした人工の巧みがつくった歴史的な景観とエコロジー、何よりも人びとの交流を促し絆の大切さが歌われた。めざすべき固有の風景とともに変わることのない価値観がこの歌詞に込められている。

それからおよそ半世紀、我が国は戦災復興を経て未曽有の高度経済成長を果たし、誰もが豊かで快適な生活を手に入れた。都市の成長、とりわけ東京の大発展はその象徴と言える。とはいえ失ったものも少なくない。世界都市東京の根底に横たわる数々の城下町遺産、明治期の帝都建設や震災都市の復興により築かれた近代遺産は急激な都市化、産業の高度化やモータリゼーションによって多くがむしばまれた。しかし幸いなことに江戸・東京の内濠は残り、外濠は半減するにとどまった。

私たちが所属する法政大学エコ地域デザイン研究所は水辺都市の再生をテーマに2004～08年度の間、文部科学省の学術フロンティア推進事業の採択を得て調査研究を進めてきた。本書の主題、外濠再生プロジェクトは2007年度より千代田区の研究助成「千代田学」を加え、研究を加速・深化させた。本書はこれらの成果のエッセンスを集約したもので、外濠の誕生と変遷、これと密接に関わりをもった固有の地域形成、そのプロセスを明らかにした。今後の地域社会のありようを考えるうえで必要となるベースマップとなり、いわば“地歴書”といえる。その先に私たちが想い描こうとする外濠地域の、ひいては東京都心の水辺再生像がある。本書では重要課題である水循環による水質浄化に関してひとつの有力な解を示した。清浄な水辺の回復が何よりも急がれると考えたからである。もとより様々な遺構の修復・活用、歩道の拡充や緑化によるプロムナード化、水辺回復による生態環境づくり、観光や防災機能の付与など多方面にわたる。なかでも時代ごとに様々な役割を担った歴史を感じさせる雄大なパノラマ、その強化と継承も再生プロジェクトの目標として強調されねばならない。例えば江戸の町構造にメリハリを与え、二百数十年の長きにわたり平和の象徴であったこと。また近現代では東京都心の形成に欠かせない根幹的都市インフラストラクチャーとして変わらぬ“風景の骨格”であり続けたことからである。かつて野口富士男が『外濠線にそって』(1978)で、「ここ(弁慶濠界隈を望む)の風景が高速道路の出現くらいには負けぬだけの力をもっているところが気に入っている」とダイナミックに新陳代謝する東京の魅力を断じた。しかし昨今の変化はただごとではないように思える。外堀通りに沿って建つ中小のペンシルビルは水と緑に恵まれた大空間を独り占めにし、背後の眺望権を年々狭めている。また大街区による超高層ビルの林立が天空の広がりを狭め、風道を奪いかねない。とはいえ決して法に触れているわけではない。皮肉なことに外濠がつくる大空間に面するがゆえに与えられた高度利用が災いしているといえなくもない。豊かな公共空間を愛でる権利は沿道のみに与えられているわけではなく、より多くの人びとによって享受されねばならない。そしてこの空間がもたらす多くの恵みに浴する近隣の人びとには、これを守り育てる責務があるといってよい。周辺地域に課せられる厳しい開発規制や建築制限は本来、その代償と言える。言うまでもなく開発者や設計者は地元住民の意見反映に努め、節度ある開発、抑制の利いた建築を行う義務がある。

本書では史跡指定地がコアとなってかたちづくられた“風景の骨格”、その強化と保全についてひとつの提案を試みている。つまり史跡を包摂する周囲に急激な変化を吸収する緩衝地帯を設け、可能な限り多くのコモンスペースを内蔵した土地利用に、ひいては公共空間化すべきことを提起した。同時に史跡指定地を地域の人びとが守り育てるコミュニティの形成を一体的施策として提案した。私たちはこうした仕組みの総体を“歴史・エコ廻廊”と称した。“儒学の道”構想もそのひとつで、地域固有の魅力的な資源をネットワークすることで域内の回遊性が高まり地域の活性化が図られよう。繰り返し述べるが、本書は外濠の生い立ちと成り立ちを様々な観点から描き、これに人びとの暮らしや環境の変容を重ね、地域の魅力的な特徴を浮き彫りにした。水辺都市の再生像を描くための基層、その重なりが明らかとなり、私たちが当初より追い求めてきた歴史とエコロジーに基づく地域づくりへの接近手法をつかむ実践の場になったと確信する。

本書を携えて外濠を歩きウォッチングするなら三百数拾年の時を刻んだ環境・文化インフラを、そしてこれによってかたちづくられた固有の土地柄を知り、心豊かな空間を体感するであろう。また何よりも外濠への関心が高まり理解を深め、現状への視線が強まり再生に向けた大きな力が生まれよう。同時に訪れる人びとがますます増加し、地域のにぎわいが促される良循環の図式がつくられよう。

私たちの取り組みは本書の発刊により第一歩を刻み、第二のステージに向かう。外濠地域の再生像は神田川や日本橋川への延伸、さらには渋谷川など他の再生プロジェクトとの連携によって一層現実味をおび“江戸・東京の水回廊”構築への期待が高まる。今年からちょうど四半世紀後の2036年は“外濠開削400年”の節目の年となる。私たちは長期的な視点に立って広がりをもった大きな構想づくりとその着実な実現をめざしたい。

末尾ながら本書発刊にあたり、多くの方々にお世話になった。すべての皆様のお名前を掲げお礼を申し上げることはかなわないが、謝意を示したい。まずもって本書の執筆とともに随所に掲載した昔を知る貴重な写真を提供いただいた千代田区の小藤田正夫氏と巻頭を飾るカラー写真の数々を本書のために激写いただいたカメラマンの鈴木知之氏に深く感謝申し上げたい。また執筆のほか重要な図版を作成頂いた高道昌志さん（教育技術嘱託）と原稿の集約・整理の任に当って頂いた小松妙子さん（大学院修士2年）のほか、大学院デザイン工学研究科の院生並びにデザイン工学部の学生諸君にお礼を申し上げねばならない。

さらに本書の出版を快くお引受け頂いた鹿島出版会、とりわけ編集を担当いただいた川尻大介氏とブックデザインにあたられた高木達樹氏に重ねて厚く感謝申し上げます。

東日本大震災からの復興を祈念しつつ

高橋賢一

略歴

編集委員

陣内秀信《じんない・ひでのぶ》

1947年福岡県生まれ。法政大学デザイン工学部教授。法政大学エコ地域デザイン研究所所長。専門はイタリア建築史・都市史。著書に『東京の空間人類学』(筑摩書房)、『東京』(文藝春秋社)、『イタリア海洋都市の精神』(講談社)ほか。

高橋賢一《たかはし・けんいち》

1941年新潟県長岡市生まれ。法政大学デザイン工学部教授。法政大学エコ地域デザイン研究所研究員。著書に『連合都市圏の計画学』(共著、鹿島出版会)、『都市および地方計画』(山海堂)。

石神 隆《いしがみ・たかし》

1947年静岡県生まれ。法政大学人間環境学部教授。法政大学エコ地域デザイン研究所研究員。著書に『都市開発——その理論と実際』(共著、ぎょうせい)、『情報化と都市の将来』(共著、慶應義塾大学出版会)ほか。

岡本哲志《おかもと・さとし》

1952年東京都生まれ。法政大学サステイナブル研究教育機構リサーチアドミニストレータ。法政大学デザイン工学部兼任講師。法政大学エコ地域デザイン研究所研究員。専門は都市形成史。著書に『銀座四百年』(講談社メチエ)、『「丸の内」の歴史』(ランダムハウス講談社)、『港町のかたち』(法政大学出版局)ほか。

神谷 博《かみや・ひろし》

1949年東京都生まれ。設計計画水系デザイン研究室主宰。法政大学デザイン工学部兼任講師。法政大学エコ地域デザイン研究所研究員。水みち研究会代表。東京都野川流域連絡会座長、日本建築学会雨水建築普及小委員会主査。著書に水みち研究会編『井戸と水みち』(共著、北斗出版)、日本建築学会編『雨の建築学』(共著、北斗出版)。

小藤田正夫《ことうだ・まさお》

1952年千葉県生まれ。千代田区職員。東京電機大学電気工学科卒業。著書に『コンバージョン、SOHOによる地域再生』(共著、学芸出版社)、『神田まちなみ沿革図集』(共著、KANDAルネッサンス出版部)。

鈴木知之《すずき・ともゆき》

1963年東京都生まれ。写真家。現代写真研究所講師。法政大学エコ地域デザイン研究所研究員。雑誌『東京人』(2002年より撮影に参加、都市出版)、『東京の空の下、今日も町歩き』(川本三郎・文、鈴木知之・写真、講談社)、『イタリアの街角から・スローシティを歩く』(陣内秀信(文)鈴木知之(写真)、弦書房)ほか。2001年個展「Roji」(コニカプラザ・新宿)、2011年個展「Parallelismo」(Ricoh RING CUBE・銀座)。

高見公雄《たかみ・きみお》

1955年神奈川県生まれ。法政大学デザイン工学部教授。法政大学エコ地域デザイン研究所研究員。著書に『都市計画マニュアルII』(共著、丸善)、『日本の街を美しくする』(共著、学芸出版社)。

高道昌志《たかみち・まさし》

1984年富山県生まれ。2011年法政大学大学院デザイン工学研究科建築学専攻修士課程終了。

出口清孝《でぐち・きよたか》

1952年生まれ。法政大学デザイン工学部教授。著書に「都市の風環境評価と計画－ビル風から適風環境まで」(共著、日本建築学会)、「エコロジーと歴史にもとづく地域デザイン」(共著、学芸出版社)ほか。

宮下清栄《みやした・きよえ》

1953年長野県生まれ。法政大学デザイン工学部教授。法政大学エコ地域デザイン研究所研究員。共著書に『用水のあるまちづくり(法政大学出版局)』『水の郷 日野——農ある風景の価値とその継承-(鹿島出版会)』『地域社会の形成と都市交通政策』(東洋出版)、『ホスピタリティ・観光辞典』(白桃書房)。

森田 喬《もりた・たかし》

1946年山口県生まれ。法政大学デザイン工学部教授。著書に『神の眼鳥の眼蟻の眼』(毎日新聞社)ほか。

小松妙子《こまつ・たえこ》

1987年東京都生まれ。法政大学大学院デザイン工学研究科修士課程在籍。

執筆担当

写真構成(pp.01-08, 113-119)

鈴木知之

pp. 16-17, 24-25, 158-159

神谷 博

pp. 18-19, 20-21, 22-23, 26-27, 68-69, 70-71

岡本哲志

pp. 28-29, 52-53

恩田重直《おんだ・しげなお》

1971年東京都生まれ。法政大学大学院政策創造研究科准教授。法政大学エコ地域デザイン研究所・兼担研究員。東京の水辺に関する論文に、"On the Water: The Architecture andCityscape of the Nihonbashi Canal, Tokyo-1850s-1930s"(South of EastAsia: Re-addressing East Asian Architecture and Urbanism, PS4-02-1,Abstract Code: 2-83, pp.1-15, Organizing Committee of EAAC 2011, Singapore, 2011)ほか。

pp. 32-33, 164-165

高見公雄

pp. 34-39, 42-45, 50-51, 66-67, 72-77, 83-87, 90-95, 111-112, 124-131, 137-142, 151

高道昌志

pp. 34-39(作図)

輪島梢子《わじま・しょうこ》

1987年東京都生まれ。法政大学大学院デザイン工学研究科建築学専攻修士課程在籍。

pp. 46-49, 122-123, 137-142

小松妙子

pp. 54-65, 137-142

小藤田正夫

pp. 78-81, 146-149

高橋賢一

p. 82

奥富小夏《おくとみ・こなつ》

1989年神奈川県生まれ。法政大学デザイン工学部建築学科在籍。

pp. 88-89

石神 隆

p. 94

町田正信《まちだ・まさのぶ》

1991年東京都生まれ。法政大学デザイン工学部都市環境デザイン工学科在籍。

pp. 96-97, 104-105, 108-109, 110

宮下清栄

pp. 96-97, 100-101

明石敬史《あかし・たかふみ》

1981年神奈川県生まれ。法政大学大学院博士後期課程在籍。

pp. 98-99

岡 泰道《おか・やすみち》

1956年岡山県生まれ。法政大学デザイン工学部都市環境デザイン工学科教授。著書に『雨水浸透と地下水涵養』(理工図書)、『自然災害科学事典』(築地書館)、『増補改訂・雨水浸透施設技術指針(案)』(雨水貯留浸透技術協会)。

pp. 100-101

森田 喬

pp. 102-103

出口清孝

pp. 106-107

朴 賛弼《ぱく・ちゃんぴる》

1957年韓国ソウル生まれ。建築・環境研究者。法政大学デザイン工学部建築学科専任教員。日本民俗建築学会理事。著書に『ソウル清渓川再生-歴史と環境都市への挑戦』(鹿島出版会)、『よみがえる清渓川――歴史と環境都市への復活 ソウルの挑戦』(技文堂、韓国版)、『よみがえる古民家』、『日本の生活環境文化大事典』、『写真でみる民家大事典』、『図説民俗建築大事典』(いずれも共著、柏書房)、『ソウル清渓川復元における都市構造の空間構成に関する研究』(研究成果報告書)など。

pp. 124-131

荻山陽太朗《おぎやま・ようたろう》

1990年神奈川県生まれ。法政大学デザイン工学部都市環境デザイン工学科在籍。

pp. 124-131

中川達慈《なかがわ・たつじ》

1990年福井県生まれ。法政大学デザイン工学部都市環境デザイン工学科在籍。

pp. 124-131

吉田琢真《よしだ・たくま》

1990年東京都生まれ。法政大学デザイン工学部都市環境デザイン工学科在籍。「水の郷 日野-農ある風景の価値とその継承」(法政大学エコ地域デザイン研究所編、鹿島出版会)をテキストとして立ち上げられた日野市民の勉強会で、2010年より活動。

pp. 137-142

石井 巧《いしい・たくみ》

1989年東京都生まれ。法政大学デザイン工学部都市環境デザイン工学科在籍。

pp. 137-142

蓮見和紀《はすみ・かずのり》

1991年埼玉県生まれ。法政大学デザイン工学部都市環境デザイン工学科在籍。

pp. 137-142

松田耕平《まつだ・こうへい》

1991年埼玉県生まれ。法政大学デザイン工学部都市環境デザイン工学科在籍。

p. 150

浅井義泰《あさい・よしやす》

1941年生まれ。エキープ・エスパス取締役。法政大学デザイン工学部兼任講師。法政大学エコ地域デザイン研究所研究員。著書に『現代都市のリデザイン』(共著、東洋出版)、『応用生態工学序説』(共著、新山社サイテック)ほか。

pp. 156-157

西谷隆亘《にしや・たかのぶ》

1939年広島県生まれ。法政大学名誉教授。

pp. 160-161

満木泰郎《まき・やすろう》

1942年広島県生まれ。法政大学デザイン工学部教授。訳書に『ネビルのコンクリートの特性』(共訳、技報堂出版)。著書に『土木工学ハンドブック』(共著、技報堂出版)、『鉄筋コンクリートの設計』(共著、MM出版)ほか。

pp. 160-161

溝渕利明《みぞぶち・としあき》

1959年岐阜県生まれ。法政大学デザイン工学部教授。法政大学維持管理工学研究所研究員。著書に『初期応力を考慮したRC構造物の非線形解析法とプログラム』(共著、技報堂出版)、『基礎から学ぶ鉄筋コンクリート工学』(共著、朝倉書店)、『コンクリートの初期ひび割れ対策』(共著、セメントジャーナル社)、『モリナガ・ヨウの土木現場に行ってみた』(監修、アスペクト社)、『見学しよう工事現場』(全4巻シリーズ監修、ほるぷ出版)。

寄稿者

後藤宏樹(千代田区区民生活部図書・文化資源担当課文化財主査)
佐々木政雄(アトリエ74建築都市計画研究所代表)
岸田大地(エム・テック)
宗岡 光(2009年法政大学工学部建築学科卒業)
榊 俊文(2008年法政大学大学院工学研究科建設工学専攻修士課程修了)
大塚真之(千葉大学大学院、Sotobori Canale)
鈴木理生(都市史研究家)
猪狩達夫(イカリ設計)
窪田亜矢(東京大学都市デザイン研究室)
岡村 祐(首都大学東京都市環境学部自然・文化ツーリズムコース助教)

資料・情報提供

千代田区
美濃又哲男(NPO法人東京樹木医プロジェクト)
大野二郎(建築家、四谷坂町在住)
小倉利彦(四谷1丁目町会副会長)
橋本樹宜(九段2丁目町会青年部長)
福田 彰(紀尾井町「福田家」会長)
山本 坦(紀尾井町町会副会長)

図版作成協力

岩下 篤(横浜市)
加藤 哲(八千代エンジニヤリング)

金谷匡高
真野洋平(研修生)
力武 剛 *
柳沢佳奈子 *
鈴木俊也 *
山崎夏美
仲原千晶
寺田佳織
駒井穂乃美
小川拓馬
越前彰仁
本多史弥
高垣麻衣花 **
高木玄太 **
高松達弥 **
三浦奈々子 **
山口みなみ **

無印=法政大学大学院デザイン工学研究科建築学専攻
*=同科都市環境デザイン工学専攻
**=法政大学デザイン工学部建築学科

編集後記

本書は、法政大学エコ地域デザイン研究所のメンバーほか、外濠に関わる多くの研究者の執筆によるものである。同研究所の陣内秀信所長および高橋賢一教授を中心に編集委員会を組織し、全体構成と個別項目の検討を重ねてきた。
本書でキーとなる用語についても議論を重ね、次のような統一的な形をとることにした。
まず「外濠」については、一般に漢字使用制限等の関係から「外堀」と記される場合も多いが、本書においては、従前より使われている「外濠」で統一した。ただし、「外堀通り」や「史跡江戸城外堀跡」など、すでに固有に使用されている言葉についてはそのままとした。本書の主題のひとつである「回廊」については、客観的な形を示す意味合いも含め回廊としたが、オリジナルな提案としての「歴史・エコ廻廊」については、巡りゆくという主体的な動きのニュアンスもあり、あえて廻廊を使用した。このほか、外濠に関連する地名や対象物においても、例えば、「市谷」については、市谷見附や市ヶ谷駅などの場合で表記が異なるが、実際に使われている名称の表記をそのままとした。
本書は、多数の執筆メンバーによるものであることから、文体等がまちまちになる虞もあったが、編集に際し、読み物としてできるだけ統一的なものになるよう心がけた。しかしながら、各執筆者特有の表現の雰囲気を残したこともあり、若干バラエティに富んでいるともいえる。ただ、すべての執筆メンバーが、外濠を深く愛し、豊かで美しく皆に親しまれる外濠の姿への思いを強くもっているという点において、まさに一貫した流れのある書物であるということは自負されよう。
とはいえ、まだまだ本書には不足な点や改良すべき点も多々あろうかと思われる。読者の皆さまからの率直なご意見ならびにご提案を賜ることができれば幸いです。

編集委員会（石神記）

法政大学エコ地域デザイン研究所ウェブサイト
http://eco-history.ws.hosei.ac.jp/

外濠

江戸東京の水回廊

2012年4月10日　第1刷発行
2012年5月10日　第2刷発行

編　者　法政大学エコ地域デザイン研究所
発行者　鹿島光一
発行所　鹿島出版会
〒104-0028 東京都中央区八重洲2-5-14
電話 03-6202-5200
振替 00160-2-180883

デザイン　高木達樹（しまうまデザイン）
印刷・製本　壮光舎印刷

ISBN978-4-306-07296-1　C3052
Printed in Japan

本書の内容に関するご意見・ご感想は下記までお寄せ下さい。
mail : info@kajima-publishing.co.jp
URL : http://www.kajima-publishing.co.jp

鹿島出版会の関連既刊書

都心からわずか30km。
用水路が縦横にめぐる豊かな田園と
近代的都市空間が共存する〈東京都日野市〉。
長い歴史が育んだ「農ある風景」の価値を
綿密なフィールドワークから問い直す。

水の郷 日野

農ある風景の価値とその継承

法政大学エコ地域デザイン研究所 編

第1章 日野の骨格
第2章 風景をつくる要素
第3章 水の郷を支える人たち
第4章 地域のこれから

日本人を取り巻く社会や経済、暮らしのあり方は大きく変化してきた。成熟社会を迎え、ゆとりや個性を求める人びとは、身のまわりの風景や環境、地域の生活文化に目を向けはじめている。
環境の分野で先進地域として知られる日野は、川に囲まれ、崖線に湧水を多くもち、用水路が縦横にめぐる豊かな田園風景をいまだ受け継いでいる。都心からわずか30kmの位置に、長い歴史を背景とする生活に深く根ざした「農ある風景」がさまざまなかたちで存続している。かつてどこにでもあった風景が、貴重な環境と文化の資産となっているのだ。
地域の農ある風景や暮しを調べ、記述し、地域づくりに活かすこのような試みが、全国各地に広がって欲しいと願う。

——陣内秀信

定価(本体2,800円+税)
ISBN978-4-306-07280-0 C3052